高等院校设计类专业辅导用书

快题表现与案例分析

环艺快题设计

北京七视野文化创意发展有限公司　策划

丛书主编／刘程伟　张盼　本册主编／刘程伟　徐乃珊　张盼

中国建筑工业出版社

序言

环艺快题设计是高校招生、企业招聘的重要考核手段，也是设计师必备的技能，但市面上许多传统的相关教材都以枯燥抽象的理论作为内容，而本书是一本生动实用、高效的环艺快题设计指南。

七手绘教研组在众多一线设计师、高校教授的指导下，经过长期教学实践和研究，总结出一套高效的快题设计学习方法。本书以设计类院校考试大纲需求为导向，以设计工作逻辑为主线，对应编写了五个章节，分别是环艺快题的概论、设计表现、设计流程、专题设计、真题案例分析，本书重点在于给读者一个进阶式的训练模式，提出应试的方法与要点；同时总结了历届快题设计高分学生的学习心得，避免学生在学习过程中因思路错误而走弯路，力求在短时间内，通过科学的步骤、详细的理论、一流的教学让学生们快速高效地掌握快题的相关知识和技巧，并且领会设计方法与思路。

快题训练可以提高快速设计能力，促进设计师与同事、甲方之间的有效沟通。书中徒手表达与设计方法相关内容对于环艺及相关专业学生具有参考价值。它不仅可以提高快题设计的表达水平，还可以有目的、有方向地训练，能在备考前的几个月内迅速提高。本书可作为环艺设计专业更为理想的学习资料，结合日常的环艺快题教学，不论是在就业还是升学考试中，皆能让同学们取得理想的成绩。

刘天祥

前言

手绘在一个整体思维活动中，捕捉瞬间即逝的灵感、记录自己的想法；方案推敲过程中与设计师及业主便捷沟通、向甲方展现最后的效果，每一步都体现了它自由表达无可替代的作用以及重要性。儿童涂鸦、艺术家速写创作、插画动画师人物场景设定、设计师概念的推敲、创意师文案的表达，这些都可以统称为手绘自由表达，而不能简单地定义为手绘快速表现。一旦理解为快速表现，那就少了很多手绘表达的多样性与灵活性，所以本书称其为手绘自由表达，是手与思维最紧密的结合，最完美的同步。手绘快速表现这一概念从来没有人去质疑，使得许多新手认为手绘只要快就行，而手绘表达，其中最重要的是灵活自由的表达，如忽略了自由这一便捷性的概念，那就积累不了许多经验，表达事物都流于形式。从笔者多年的教学经验得出，必须重新审视手绘表达，将手绘的自由性表现得淋漓尽致，手绘自由表达不仅仅是一种表达手段，更是推敲思维演练的最佳媒介。手绘自由表达更重要的目的是表达我们的思维，将脑子里瞬间即逝的灵感火花捕捉住，自由表达强调的是随时、随地、随意。

手绘自由表达的四大功能：

1. 捕捉性：生活中瞬间即逝的灵感
2. 记录性：旅行中的所见所闻
3. 沟通性：工作中的思维沟通神器
4. 展示性：思维活动成果展现

而现在大部分人只重视手绘的展示性功能，这无异于捡了芝麻丢了西瓜。

如今市面上关于表现类别的图书层出不穷，诸如线条的练习、单体的刻画等相关技能的讲解，这种讲解让学习者掌握了许多表面技巧而变得模式化，也忽略了手绘的灵活性与趣味性，没有能力与意识自由地表达思想，记录自己每天的生活状态——衣食住行。

反模式化：目前许多相关的培训班把手绘效果图表现性这一次要功能发挥得尽善尽美，而忽略自由的表达，应运而生各种模式，在此我们呼吁广大手绘学习及爱好者应当尽情、随意、自由地描绘自己的生活艺术。

设计思维的爆发阶段与艺术创作的草图速写阶段类似，所以手绘自由表达的艺术性、自由性、随机性对活跃设计思维的作用是巨大的。手绘草图能激发与开拓设计者的思维空间、想象力与创造力，唤醒设计的欲望，设计表达应从重视技术转到思维与技法的完美结合，即强调表现设计思维由产生到结果的层层递进关系上来。图像表达的多样性就体现在构思的各个阶段，手绘自由表达应更侧重草图技能与创意分析图等方面的积累。作为设计师，徒手草图能力是一项十分重要的专业技能，是不可以丢弃的，许多设计师仅仅只用电脑去表达，以至于许多方案设计起来很被动。另外随着业主的文化素质逐渐提高，对设计的艺术性以及合理性的要求越来越高，并不是简单看一下逼真的电脑效果图，所以手绘自由表达是持之以恒的事情，它的作用主要体现在用手绘自由表达、记录生活想法的过程中，潜移默化地提高了设计师的审美能力、设计艺术素养，改善人们观察生活的方式，养成良好的习惯。

本书使用说明

本书的核心点在于建立了环艺快题设计的网状知识骨架，同时运用了各校历年考研真题案例分析来扩充本书的血肉，再结合笔者多年的教学经验把考研应试技巧和学员常见的问题作为本书的扩充资料，使学习者能精准快速应对环艺快题设计，做到有的放矢。本书共分为 5 个章节，章节之间的衔接关系是按照快题设计的考核要求进行逻辑排列的，没有长篇大论的文字布置，采用简约图文并茂的呈现方式，使读者直观地学习本书。要高效率地使用本书，需要对以下各章节有个简要的了解。

第一章 ：环艺快题设计概论。这一章是许多学习者容易忽略的，概论可以辅助学员快速建立宏观的知识体系，为内功心法，有了清晰的知识框架之后学习节点知识会事半功倍。

第二章 ：环艺快题设计表现。本章重点在于约束规范学员的制图标准与表现效果。从笔者多年教学经验来看，很多学生基础都非常好，但总忽略硬性规范细节，导致在考试评卷的时候总会被扣掉大量的分数。同时环艺快题设计是很看重画面效果的，所以表现一定要到位贴切。

第三章 ：环艺快题设计流程和方法。本章对于快题设计本身是非常重要的，需要学习者严格按照设计步骤与思路进行训练，这样才能在短短的几个小时把设计思路与技巧完美结合。

第四章 ：环艺快题设计专题。专题环节的目的是让学习者了解室内设计各不同主题空间的设计要点，如餐饮空间与展示空间的空间流线以及功能分区就有很大的差异，这不仅需要了解不同空间类型的属性，还得把不同空间的元素属性进行一定的归纳。

第五章 ：环艺快题设计真题案例分析。本章旨在让学员清晰地认识优秀快题设计的优点在哪里，以及常见问题试卷的问题在哪里，使学习者能够清晰地了解自己的学习情况与自我定位。

目录

Contents

第一章　环艺快题设计概述

第一节　设计概况

第二节　基本要求

第三节　评分标准

第四节　考试时间分配及表达工具使用

第一节 设计概况

快题设计师指空间设计的原型构思，是设计艺术最初的形态化描述。快题设计表现出原创性、灵感性、多样性和设想性，是设计的一个想法，或者说是一个概念。

快题设计是各种专业考试，入学考试、聘用考试、职业考试等的必备技能，是在规定的较短时间内按照设计要求完成具有一定深度的方案设计与表达。

环艺专业快题设计指的是参加全国研究生招生考试与实战技巧的快速设计。主要针对环艺专业快题设计备考与实战技巧、设计能力、方案构思能力、概括能力、创意能力、表达能力、深化能力和理解能力等进行培养。考查学生综合运用知识解决问题的能力和审美，锻炼学生的手绘基本功功底。

第二节 基本要求

2.1 功能要求

功能分区一定要遵守基本要求，不能产生功能的混乱和分区的错误，看清题目要求分几个部分，层数是否有要求，储藏间、洗手间有没有面积上的限制等 ，总面积允许有 10% 的出入。

2.2 创意设计要求

由于不同环境、地域、服务对象等不同，设计定位要因地制宜，这就要求学生除具备专业技能之外，还要对社会、市场等现状背景有广泛了解。综合考查对设计题目的认识与理解及设计构思的能力。

2.3 环境艺术设计

要求学生对建筑室内空间环境各个界面（包括顶面、墙面、地面、柱子、门窗等）与室外空间环境场地的细化设计能力。室内及城市环境设计要考虑整体的风格、造型设计、色彩、照明、陈设、绿化、视觉形象、科技设备、装饰材料与安全防护措施等技能掌握的程度。

2.4 图文表达

要求设计图纸与效果图在版式设计上一目了然，主次分明，而文字表达重点考查学生撰写水平和文化素质。一般要附上尺寸、标高、材料、标注及细部处理等。图纸的要求：建筑总平面图、分层平面图、立面图、剖面图、透视图、轴测图、节点图等，要看清题目要求。

2.5 表现方式

勾墨线、马克笔、彩铅等，表现方式不限。

第三节 评分标准

3.1 设计考察点

1. 综合设计能力：设计任务的理解能力、平面布置能力、方案构思能力、功能与问题解决能力、设计材料技术掌握能力、空间环境设计与造型能力。

2. 设计表达能 ： 设计表达的基本功，效果图表达规范、设计意图表达清晰、目标表达明确。 艺术表现素养，整体效果统一美观、设计重点亮点表达充分。

3. 创造力与发展潜力 ： 创新点的体现，清晰高效简洁的功能解决、丰富新颖的建筑空间与造型、设计主题的凝练 。理性的设计思维过程，过程分析、成果分析、设计说明。

3.2 分项评分指标

（1）图面内容逻辑清晰，容易读图；

（2）图底分明，图纸内容主次有别；

（3）构图匀称，主题突出；

（4）绘制清晰，图面明快；

（5）用色得体，重点明确；

（6）表达到位，室内外关系明晰，环境处理得体。

3.3 评分细则

根据各个院校考试的要求不同，评分标准根据每年具体情况有所改变。

评分标准满分（满分 150 分）：平面布置（45 分）；剖立面图（45 分）；透视效果图（45 分）；卷面整体布置（15 分）。

以北京某学校评分标准为例（满分 150 分）：功能、空间、合理性（60 分）；创新设计（50 分）；画面完整、构图合理（30 分）；整体整洁、画面干净（10 分）。

第四节 考试时间分配及表达工具使用

4.1 考试时间分配

3 小时环艺快题时间分配	
工作内容	参考用时（分钟）
审题、构思	10+20
草图阶段	30
排版	5
总平面图	50
透视图	30
分析图、立面图	30
图例、图名、设计说明	10
6 小时环艺快题时间分配	
工作内容	参考用时（分钟）
审题、构思	30
初步草图阶段	30
深化草图阶段	30
排版	10
总平面图	90
分析图	30
透视图	60
立面图	30
图例、图名、设计说明	30

4.2 表达工具使用

1. 铅笔 ：制图最常用 2B 和 4B 铅笔来绘制草图，另备自动铅笔一支。

2. 针管笔 ：针管笔是绘制图纸的基本工具之一，能绘制出均匀一致的线条。

3. 彩色铅笔（彩铅）：可作为马克笔的辅助工具，也可独立成画，其褪晕效果非常出色，丰富的表现力可以达到照片的细致度。

4. 马克笔 ：适合表现快速的功能分区、流线组织、徒手文字等，也是绘制彩色平面图、立面图和表现图的常用工具。

5. 丁字尺、三角尺、比例尺、曲线板 ：快题设计辅助工具。

6. 图纸 ：常用图纸为 A1 和 A3 图纸，A1 图纸尺寸为（841x594），A3 图纸尺寸为（420x297）。

7. 美术刀与橡皮擦。

8. 胶带与图钉。

第二章　环艺快题设计表现技法

第一节 线的类型及线稿

第二节 透视

第三节 材质刻画

第四节 整体空间氛围渲染

第一节 线的类型及线稿

1.1 线的类型

(1) 结构线：线条的类型概念可分为结构线和装饰线。

结构线可以理解为物体的外轮廓线和支撑物体组成不同形体的空间透视线。其作用为塑造形体、统一画面、贯穿空间，是画面的骨架。结构线的表现一般需要干净利索、线条肯定、坚实有力。

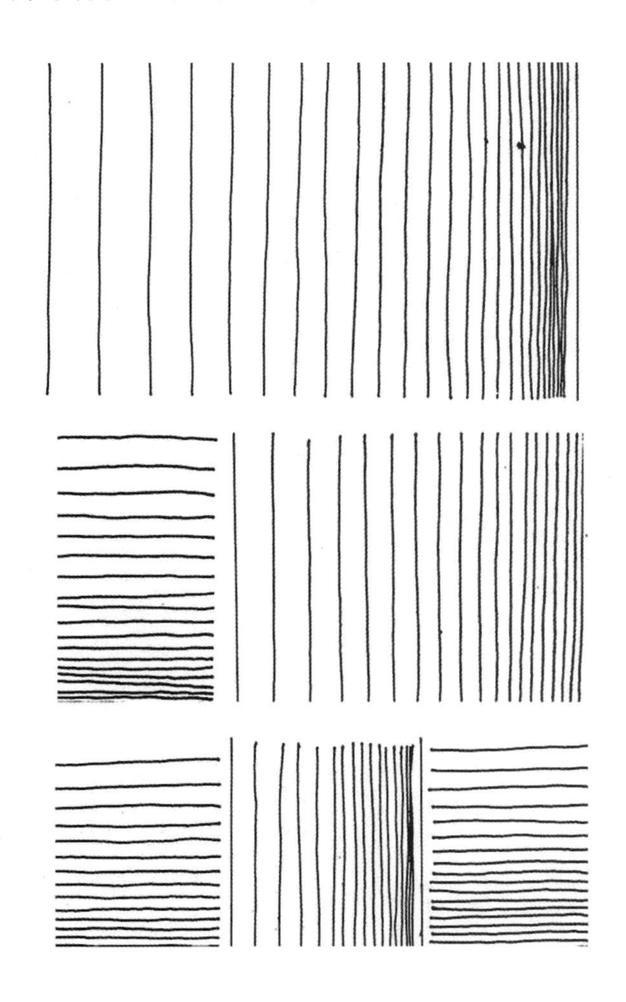

(2) 装饰线：主要包括物体肌理刻画、细节刻画、质感刻画等装饰手法的处理，是画面的血和肉。

肌理线练习是为了熟悉不同材质外表的肌理感，同时可以锻炼线条表达细节的材质感与疏密关系。

1.2 线稿

线稿是快题训练过程中不可缺少的一个重要环节。线稿让画纸产生正形、负形，以长短虚实、疏密浓淡，张弛得当之势勾勒出物体的形、神、光色、体积、质感等。

第二节 透视

2.1 一点透视规律

画面只有一个消失点，画面中垂直的线永远垂直、水平线永远水平、近大远小、近疏远密。

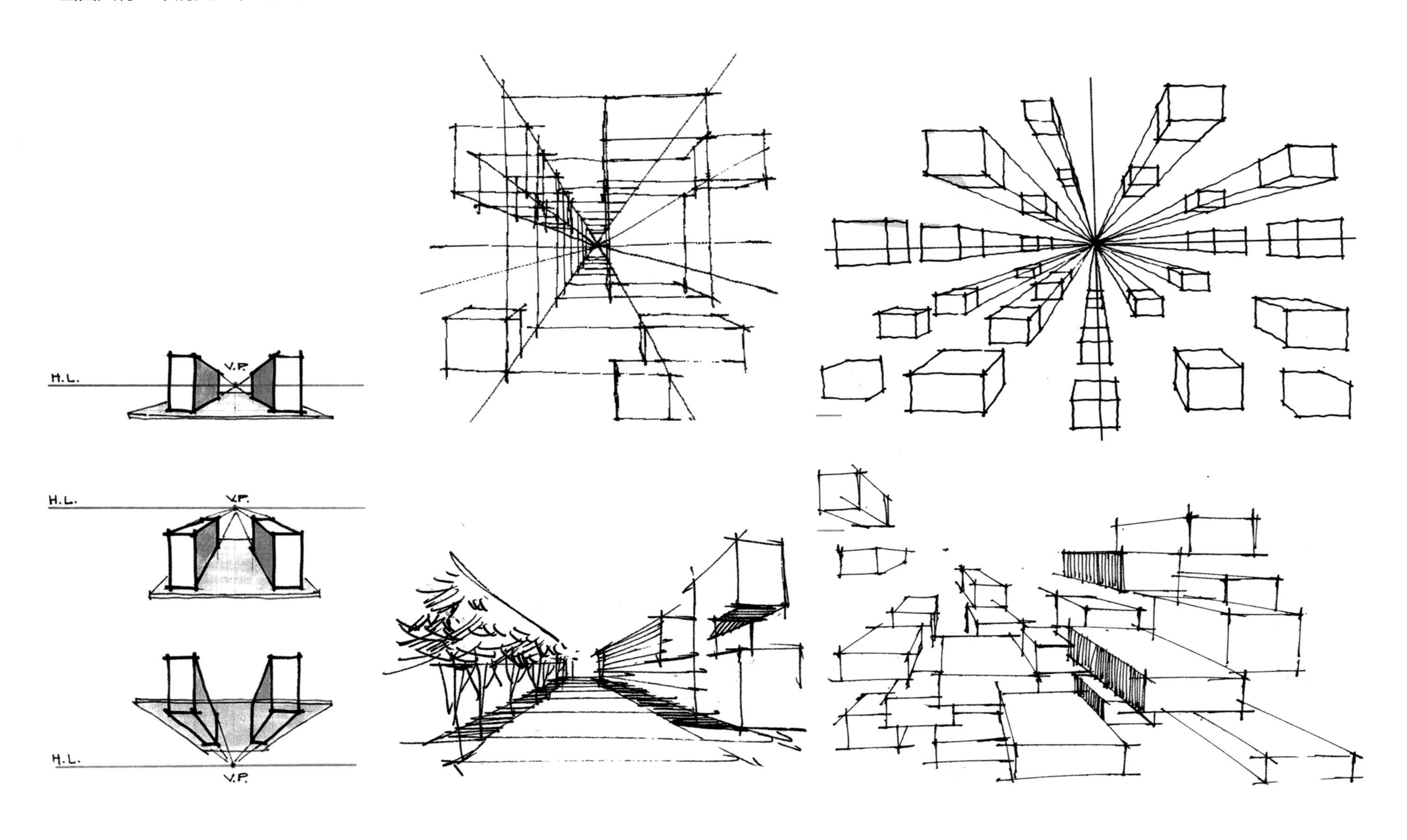

2.2 两点透视规律

两点透视空间中的物体与画面产生一定的角度，物体中处于同一面的结构线分别向左右两个消失点消失，空间中垂直线永远垂直，近大远小、近疏远密、左右透视线渐变消失于消失点。

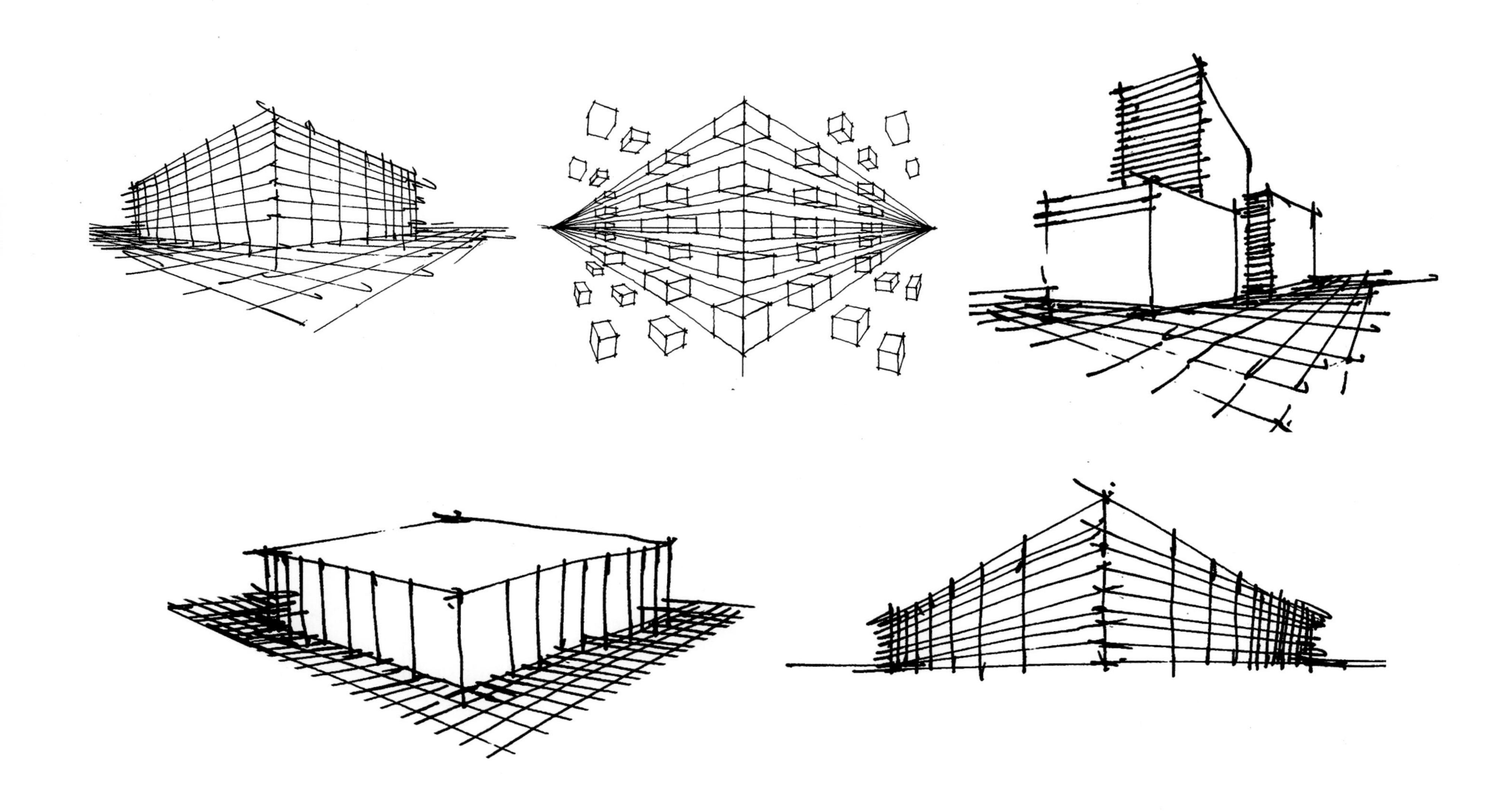

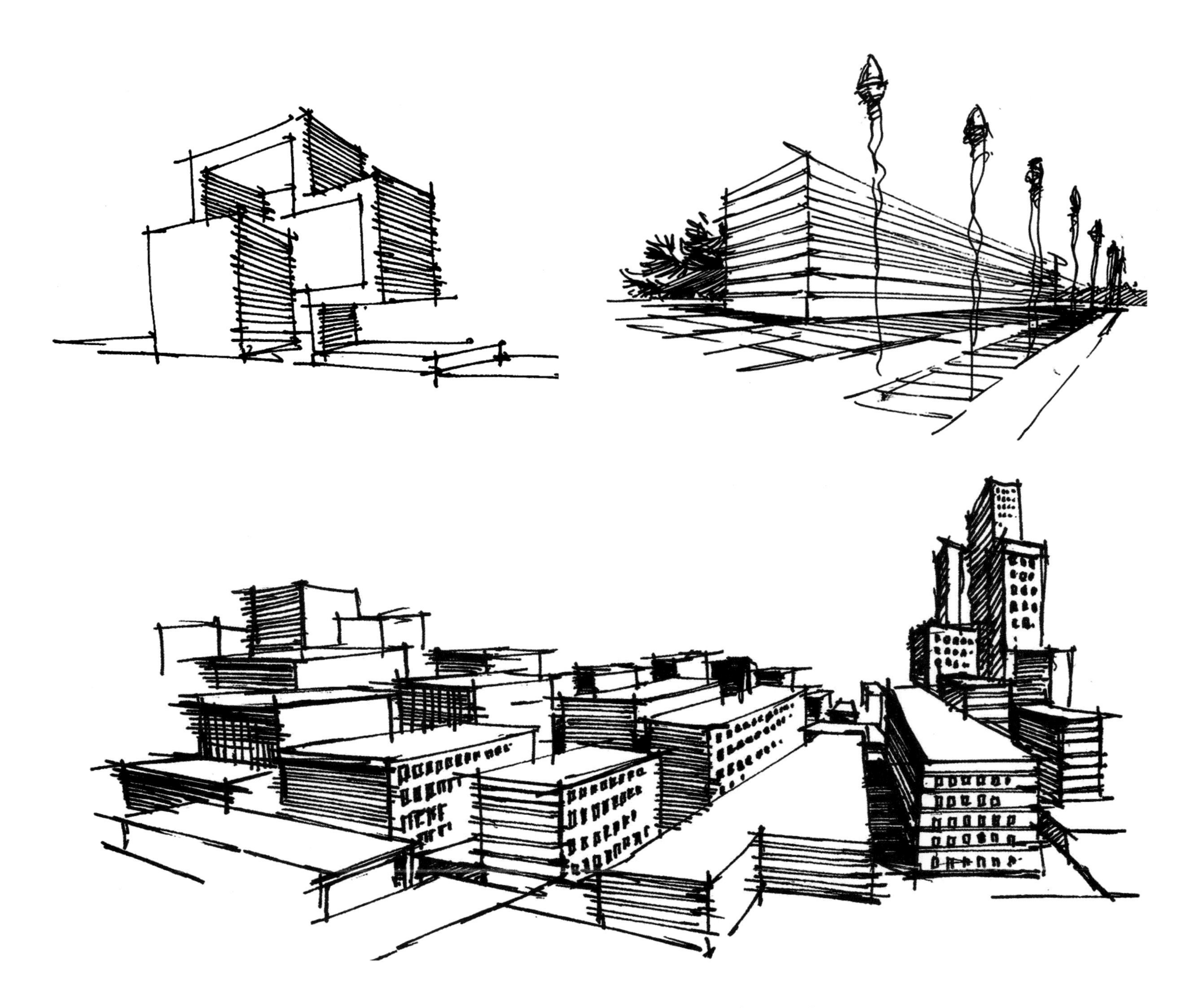

第三节 材质刻画

3.1 布艺

床上用品、地毯等刻画要用线流畅，疏密得当，同时控制整体透视关系与光影关系。先确定光源和布料的受力情况，控制好线条并画出大的结构走向，细化质地，注意明暗的处理。和别的固体物件一样，布是立体的，画的时候要注意转折处的纹理走向，透视变化。

3.2. 水体

水域边界、倒影、水纹肌理是水体表现的关键。常用的水体表现有动水与静水之分。

动水表现垂直方向要用轻快利索的线 ,并增强水与周边物体的阻挡关系、虚实关系。

静止的水面，水平如镜，可以清晰地见到倒影。表现静水要点在于强化边界，处理物体与物体投影的对应关系，排线要有疏密变化规律，水纹近处起伏大，远处起伏小。

3.3 植物与花艺

自然植物姿态万千，各具特色。各种植物不同的树形、树干、枝叶以及不同的分枝方式决定了元素独特的形态特征。需要熟知植物的生长规律、树干与树枝的穿插规律、植物的外轮廓规律。在此基础上进行概括总结，才能做到胸有成竹。

室内绿植通常在整个室内布局中起到画龙点睛的作用，在室内装饰布置中，我们常常会遇到一些死角不好处理，利用植物装点往往会起到意想不到的效果；如在楼梯下、墙角、家具转角处或者上方、窗台或者窗框周围等处，利用植物加以装点，可使空间焕然一新。

（近景植物 1）

（中景植物 1）

（近景植物 2）

（中景植物 2）

（远景植物）

3.4 木质

木质材质的刻画，要注意用笔干净利索。线稿要把树木的纹理刻画出来，但不宜太多，要做到疏密得当。木纹的表现主要是突出木材的粗糙纹理，主要表现在地板和较大的家具结构面上。纹理的线条要自然，要具有随机性，不要机械化地表现相同的纹理。在颜色的选择上要选用三种咖啡色，以中度咖啡色为主要的色调。

3.5 石材

石材轮廓凹凸不整齐，在线条描绘轮廓时可以自由随意些，表面粗糙可以用“点”的方式来突出石材的肌理。

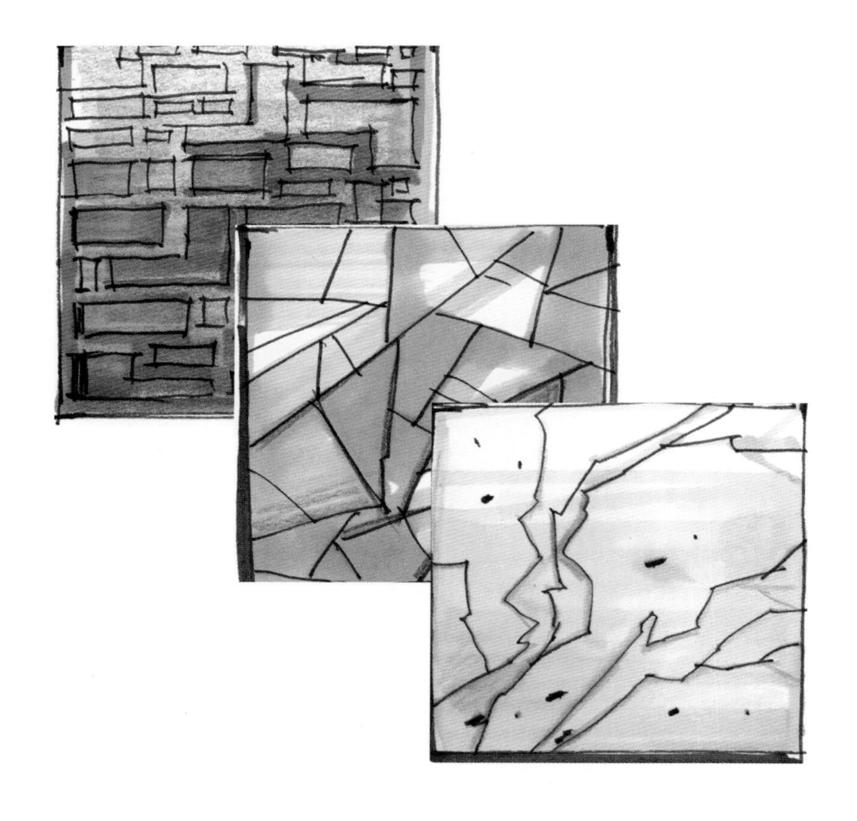

3.6 灯光

灯光的表现主要借助于明暗对比，重点灯光的背景可有意处理得更深一些。灯具本身刻画不必过于精细。光与影相辅相成，影的形态要随空间界面的折转而折转。一般情况下，正顶光的影子直落，侧顶光的影子斜落，舞厅里多组射光的影子向四周扩散，斜而长，呈放射状。

3.7 玻璃与镜面

镜面与玻璃墙上的光影线应随空间形体的转折而变换倾斜方向和角度，并要有宽窄、长短，以及虚实的节奏变化，同时也要注意保持所反映景物的相对完整性。

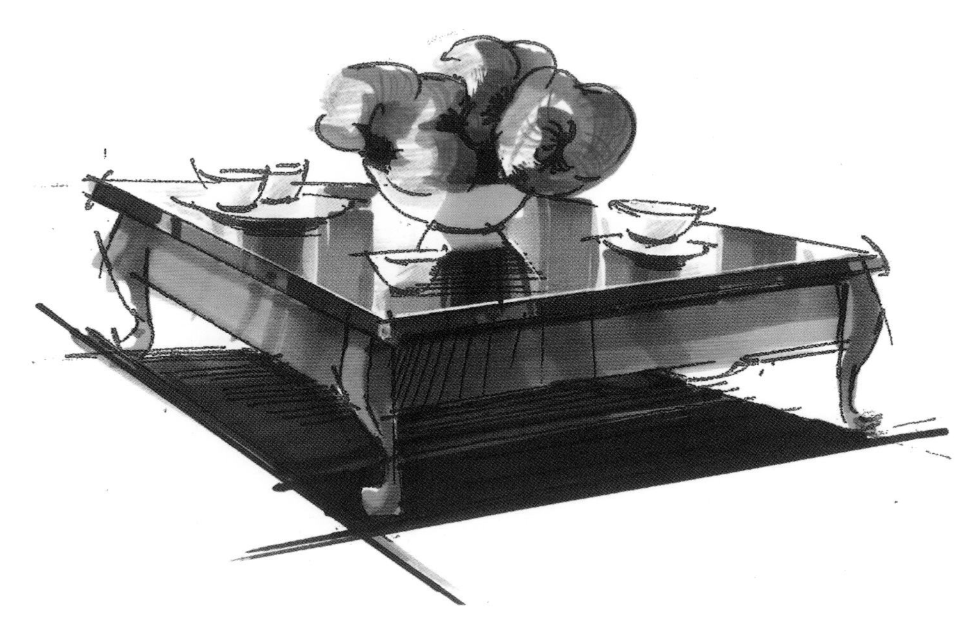

3.8 金属（不锈钢与镀铜）材质

不锈钢表面感光和反映色彩均十分明显，仅在受光与反射光之间略显本色（各类中性灰色），抛光金属几乎全部反映环境色彩。

金属材料的基本形状为平板、球体、圆管与方管，受各种光源影响，受光面明暗的强弱反差极大，并具有闪烁变幻的动感。背光面的反光也极为明显，要特别注意物体转折处，明暗交界线和高光的夸张处理。

金属材质大多坚实光挺，为了表现其硬度，最好借助直尺的笔触；对曲面、球面形状的用笔也要求果断、流畅。

3.9 其他材质

（1）地毯：地毯质地大多松软，有一定厚度感，对凹凸的花纹和边缘的绒毛可用短促、颤抖的点状笔触表现。

（2）藤制品： 藤制品往往是按照一定规律排列出来的，在线条的表达上应按照物体的本身排列顺序细致刻画，然后再按照明暗，利用排列笔触的多少来突出虚实关系。

（3）皮革：室内大量的沙发、椅垫、靠背为皮革制品，面质紧密、柔软、有光泽，表现时根据不同的造型、松紧程度运用笔触。

第四节 整体空间氛围渲染

StoTherm Classic
Das sichere, schnelle und wirtschaftlic
StoTherm Classic
StoTherm Classic

第三章 环艺快题设计流程和方法

第一节 方法和步骤

1.1 审题阶段

(1) 方案性质（类型）：居住空间和公共空间在环艺快题设计考试中，居住空间所涉及的类型一般都为中小户型，如一居室的灵活小户型和设计师的小型工作室。公共空间一般以 150 ～ 300m² 的小空间为主，如茶室、展厅、咖啡厅等。

(2) 主要内容：平面布置图、夹层平面图、立面图、剖面图、效果图、重点部位优化方案、节点图、功能分区图、设计说明。

(3) 设计要求：注重功能分区合理，注重空间流线合理有序，表达设计内涵。

1.2 命题分析阶段

审清题目，快速分析收集信息素材，找出主要空间构成，了解空间的类型和结构。此外快速计算各功能区面积，并转成平面图，效果图空间形象。

1.3 设计方案构思阶段

这个阶段是整个快题设计过程中至关重要的一环。要利用设计者自身的思维能力、想象力、创造力和平时的素材积累来解决。并结合专业知识和经验创造出新颖、大胆的空间关系。

(1) 合理的构图布局。寻求合理的构图布局，绘制设计草图，确定设计理念与设计方案。

（a）主题功能空间

（b）重要交通空间

（c）特殊功能空间

(2) 形成优美的空间构成

（a）空间形态的环境特征（空间尺度、虚实）

（b）空间形态的整体特征（主要空间与次要空间的关系、空间构成元素）

（c）空间形态的交接与重点处理（空间的趣味性与创造性）

1.4 色彩表现阶段

墨线勾勒完成平面图、立面图和透视图等，马克笔或彩铅等表现技巧结合表现图幅的物体关系，使图版完整展现，增强设计视觉效果。方案要求满足功能布局，设计合理，图面表现清晰美观。

第二节 版式快速练习

2.1 版面设计

版面构成是给人的第一印象。因此版面设计应注意以下几点 ：

(1) 画面排版匀称，设计中要求各部分精彩程度不同，如平面图上要素多，幅度应大 ；透视图直观具象，往往引人注意 ；分析图与文字应简洁明快，整体应匀称。(如图 3-1)

(2) 排版时如果出现较大的空隙，需要进行适当处理，绘制出重要部分，根据情况安排标题与图例。熟练使用常用的标题可以节约考试时间。(如图 3-2)

(3) 排版要注意整体的艺术性与美观性，虽然考试中不作具体要求，但可以减少非智力因素失分。(如图 3-3)

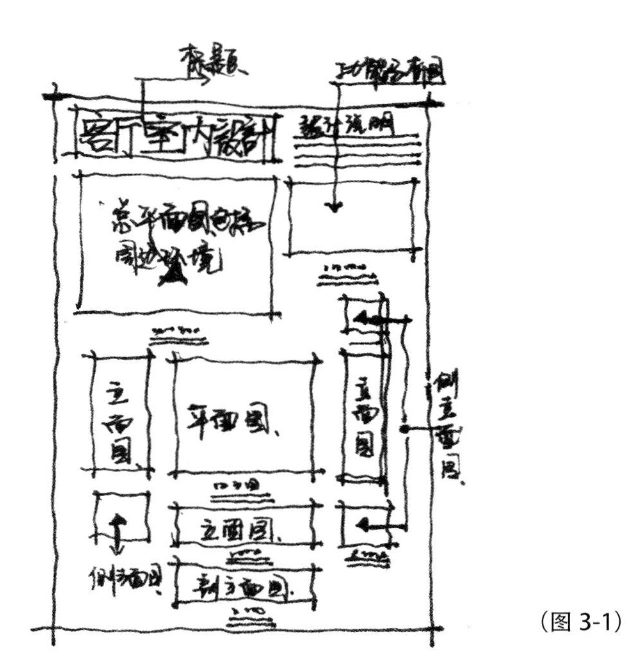

(图 3-1)

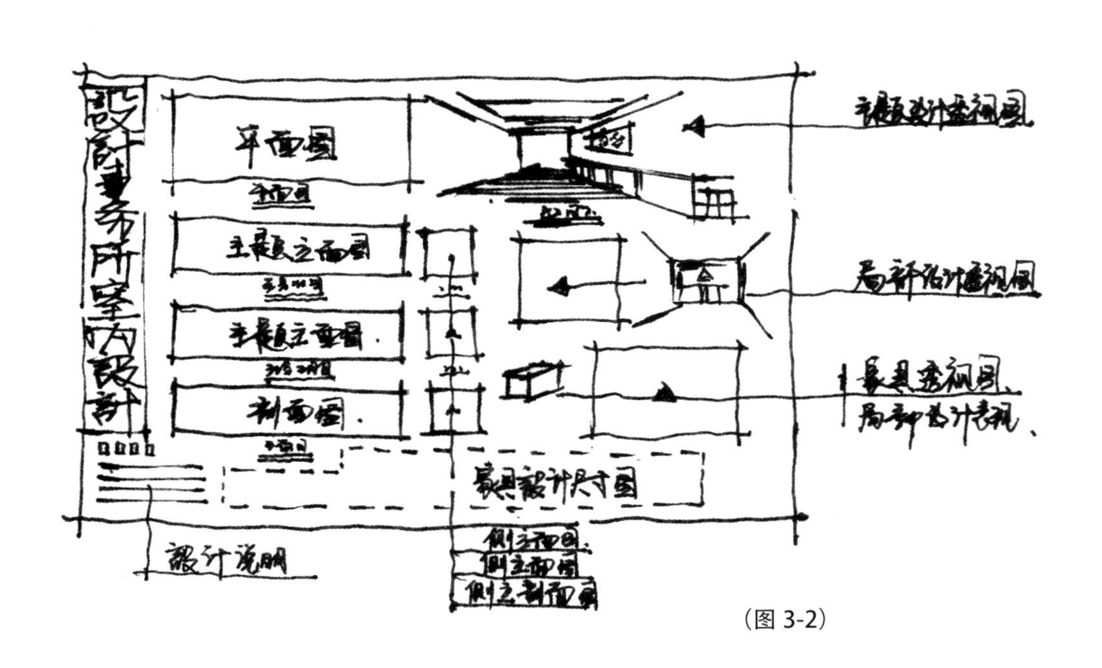

(图 3-2)

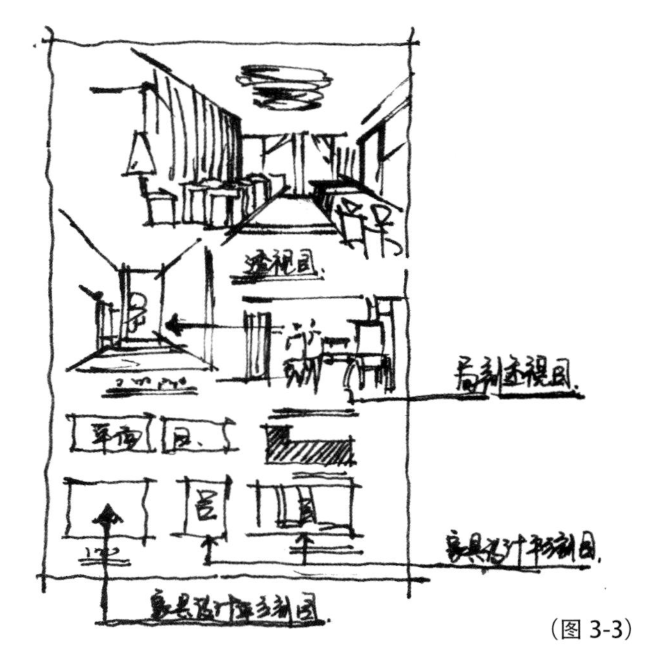

(图 3-3)

2.2 艺术字（美术字）

在图面上书写文字是必不可少的，一些用图案表示不清的资料常常用注解、标题、说明等形式来表现。成功的文字表现可使图面更具说明性，也更美观。正确的文字表现应先加以计划，从构图的角度整体来考虑。在方案图样上的文字分两大类。一是说明性文字，一般采用标准制式的仿宋体来书写；另一种是美术字，常常用来表达设计的意图、标题等，这类字体可以和图样相结合，例如与图框结合在一起。

写字时还要注意选择马克笔的种类，利用不同的笔头可以产生不同的字体效果。

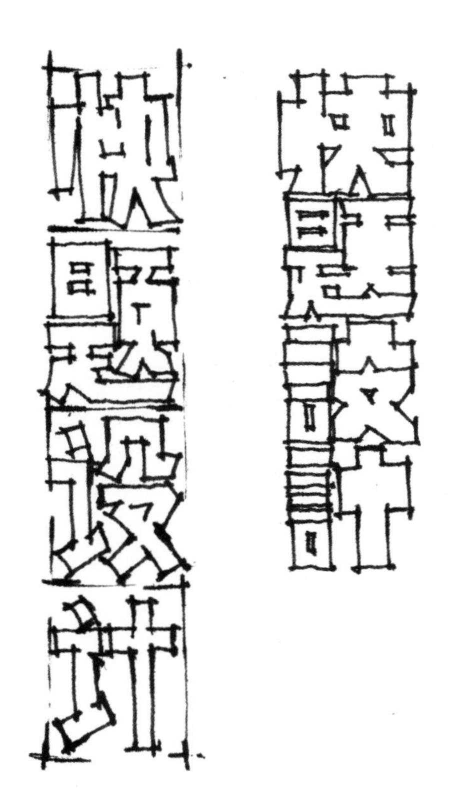

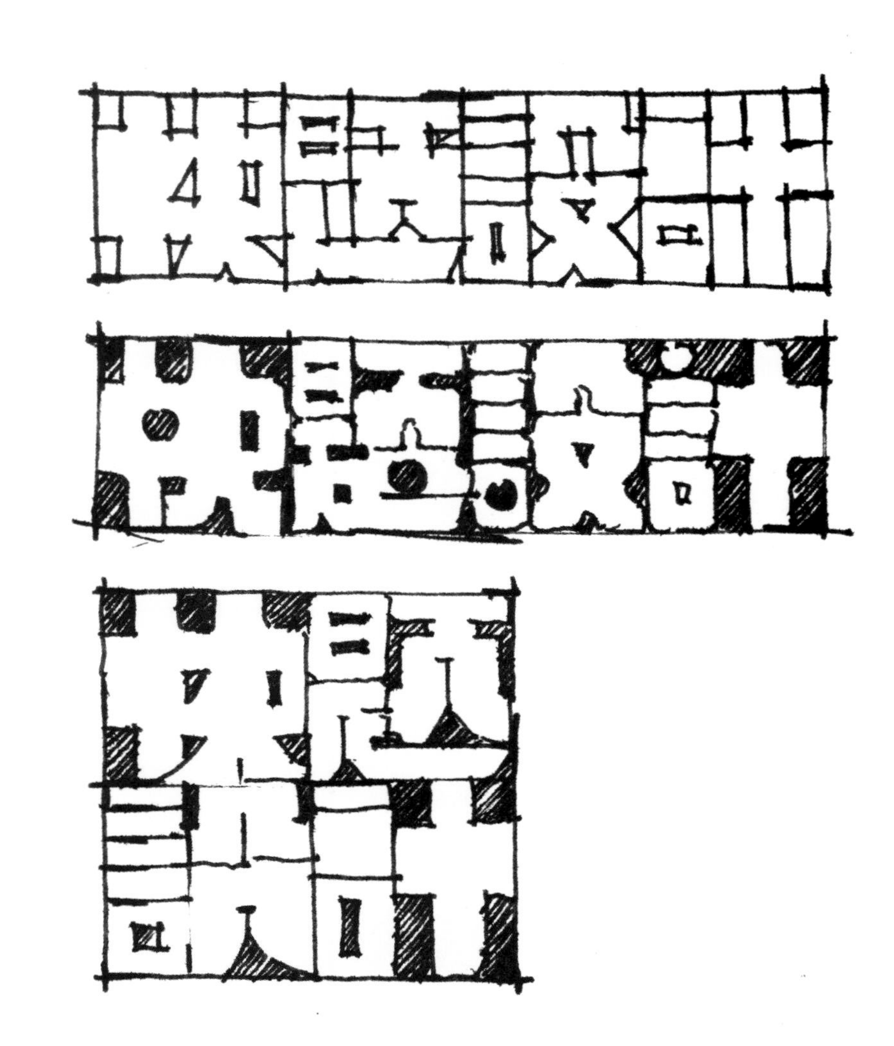

第三节 制图规范与常识

3.1 室内设计制图的内容

一套完整的室内设计图一般包括平面图、顶棚图、立面图、构造详图和透视图。

(1) 平面图

室内平面图是以平行于地面的切面在距地面 1.5mm 左右的位置将上部切去而形成的正投影图。（如图 3-4）

室内平面图中应表达的内容有以下几个方面：

A. 墙体、隔断及门窗、各空间大小及布局、家具陈设、人流交通路线、室内绿化等；若不单独绘制地面材料平面图，则应该在平面图中表示地面材料。

B. 标注各房间尺寸、家具陈设尺寸及布局尺寸，对于复杂的公共建筑，则应标注轴线编号。

C. 注明地面材料名称及规格。

D. 注明房间名称、家具名称。

E. 注明室内地坪标高。

F. 注明详图索引符号、图例及立面内视符号。

G. 注明图名和比例。

H. 若需要辅助文字说明的平面图，还要注明文字说明、统计表格等。

I. 若需要辅助文字说明的平面图，还要注明文字说明、统计表格等。

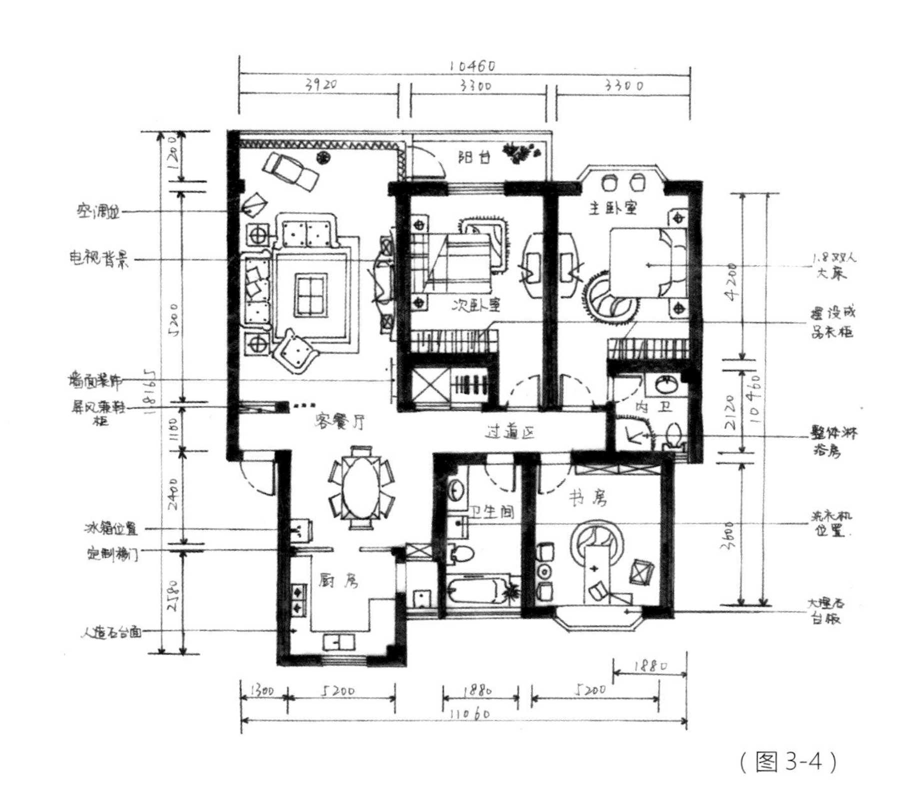

（图 3-4）

(2) 顶棚图

室内设计顶棚图是根据顶棚在其下方假想的水平镜面上的正投影绘制而成的镜像投影图。（如图 3-5）

顶棚图中应表达的内容：

A. 顶棚的造型及材料说明。

B. 顶棚灯具和电器的图例、名称规格等说明。

C. 顶棚造型尺寸标注，灯具、电器的安装位置标注。

D. 顶棚标高标注。

E. 顶棚细部做法的说明。

F. 详图索引符号、图名、比例等。

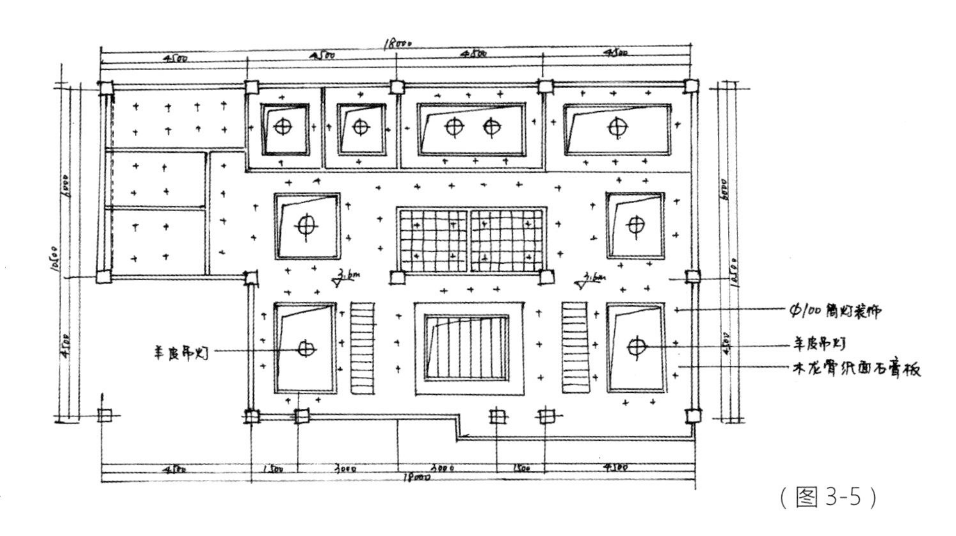
（图 3-5）

(3) 立面图

以平行于室内墙面的切面将前面部分切去后，剩余部分的正投影图即室内立面图。（如图 3-6）

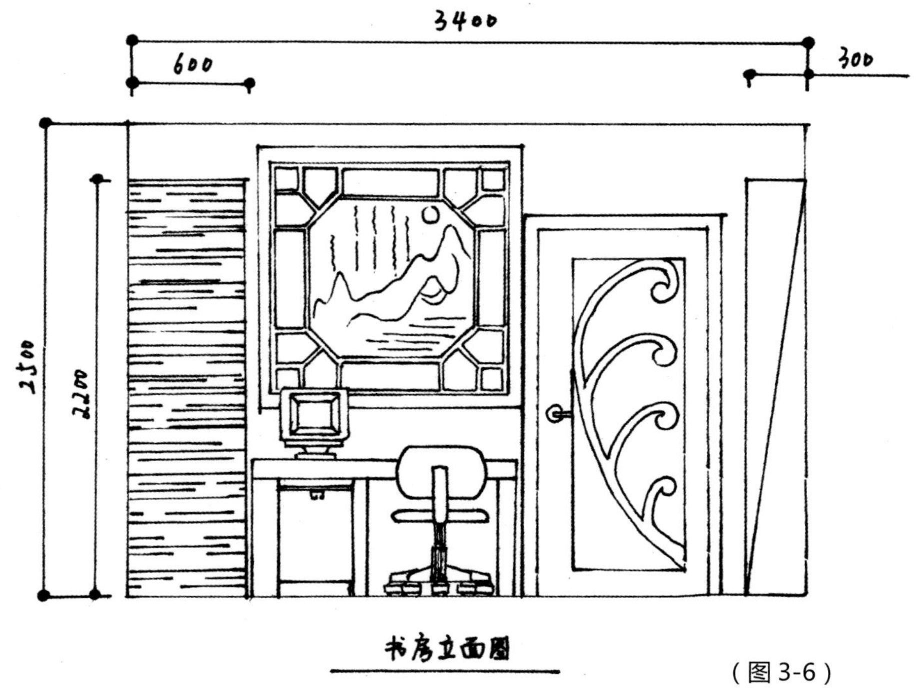

立面图的主要内容有：

A. 墙面造型、材质及家具陈设在立面上的正投影图。

B. 门窗立面及其他装饰元素立面。

C. 立面各组成部分尺寸、地坪顶棚标高。

D. 材料名称及细部做法说明。

E. 详图索引符号、图名、比例等。

书房立面图

（图 3-6）

(4) 构造详图

为了放大个别设计内容和细部做法，多以剖面图的方式表达局部剖开后的情况，这就是构造详图。（如图 3-7）

主要内容有：

A. 以剖面图的绘制方法绘制出各材料断面、构配件断面及其相互关系。

B. 用细线表示出剖视方向上看到的部位轮廓及相互关系。

C. 标出材料断面图例。

D. 用指引线标出构造层次的材料名称及做法。

E. 标出其他构造做法。

F. 标注各部分尺寸。

G. 标注详图编号和比例。

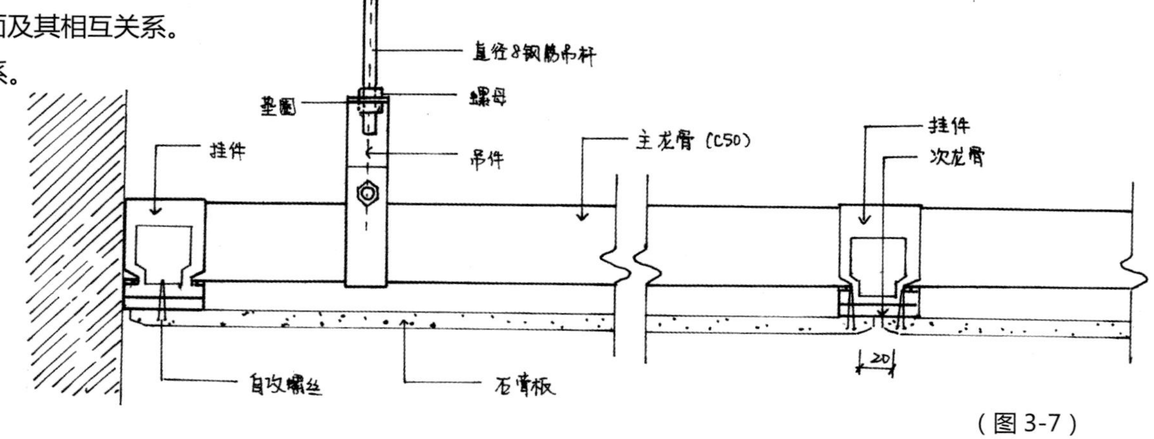

（图 3-7）

3.2 室内设计制图的要求

(1) 图幅、图标及会签栏

图幅即图面的大小，根据国家规范的规定，按图面的长和宽的大小确定图幅的等级。室内设计常用的图幅有 A0、A1、A2、A3、A4 等。

图幅标准

图幅代号 / 尺寸代号	A0	A1	A2	A3	A4
bx1	841x1189	594x841	420x594	297x420	210x297
c	10			5	
a	25				

图标即标题栏包括设计单位名称、工程名称区、签字区、图名区及图号区等内容。

注 ：现在不少设计单位采用自己个性化的标题栏格式，但是仍必须包括这几项内容。会签栏是为各工种负责人审核后签名用的表格，它包括专业、姓名、日期等内容。（对于不需要会签的图纸，可以不设此栏。）

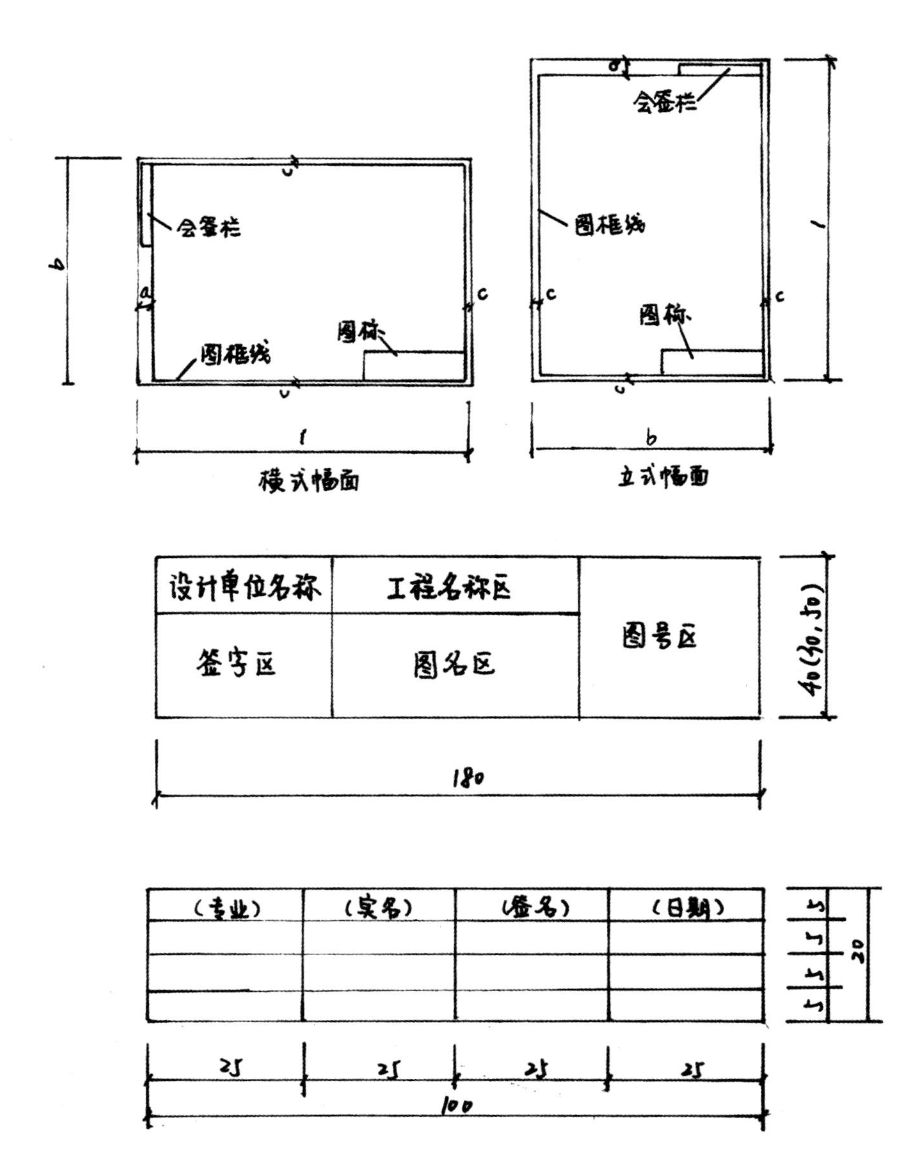

(2) 线型要求

室内设计图纸主要由各种线条构成，不同的线型表示不同的对象和不同的部位，代表着不同的含义。为了图面能够清晰、准确、美观地表达设计思想，工程实践中采用了一套常用的线型，并规范了它们的使用范围。（如图 3-8）

(3) 尺寸标注

A. 尺寸标注应力求准确、清晰、美观大方。同一张图纸中，标注风格应保持一致。

B. 尺寸线应尽量标注在图样轮廓线以外，从内到外依次标注从小到大的尺寸，不能将大尺寸标在内，小尺寸标在外。

C. 最大的尺寸线与图样轮廓线之间的距离不应小于 10mm，两条尺寸线之间的距离一般为 7~10mm。

D. 尺寸界线朝向图样的端头距图样轮廓之间的距离应大于或等于 2mm, 不易直接与之相连。

E. 在图线拥挤的地方，应合理安排尺寸线的位置，但不易与图线、文字及符号相交；可以考虑将轮廓线作为尺寸界线，但不能作为尺寸线。

F. 室内设计图中连续重复的构配件等，当不易标明定位尺寸时，可以在总尺寸的控制下，不用数值而用“均分”或“EQ”字样表示定位尺寸。

（如图 3-9, 图 3-10）

	线型	线宽	适用范围
细		≤0.25b	尺寸线、图例线、索引符号、地面材料图例线及其他细部刻画用线
中		0.5b	主要用于构造详图中不可见的实物轮廓
细		≤0.25b	其他不可见的次要实物轮廓线
细		≤0.25b	轴线、构配件的中心线、对称线等
细		≤0.25b	省画图样时的断开界限
细		≤0.25b	构造层次的断开界线，有时也表示省略画出时的断开界限

注：标准实线宽度 b=0.4~0.8mm

（图 3-8 线型要求）

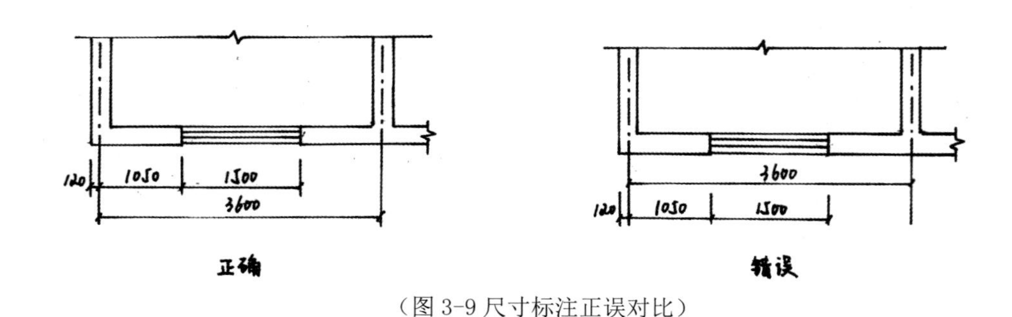

（图 3-9 尺寸标注正误对比）

3600 均分 (EQ) 均分 (EQ) 均分 (EQ)

（图 3-10 相同尺寸省略）

(4) 文字说明

在一幅完整的图纸中用图线方式表现的不充分或无法用图线表示的地方，就需要进行文字的说明。文字说明是图纸内容的重要组成部分，制图规范对文字标注中的字体、字号、字体与字号搭配等方面做了一些具体规定。(如图 3-11)

A. 一般原则 ：字体端正、排列整齐、清晰准确、美观大方、避免过于个性化的文字标注。

B. 字体 ：一般标注推荐采用仿宋体，大标题、图册封面、地形图等的汉字也可以书写成其他字体，但应易于辨认。

C. 字号 ：标注的文字高度要适中。同一类型的文字采用同一字号。较大的字用于概括性的说明内容，较小的字用于细致的说明内容。

仿宋：室内设计（小四）室内设计（四号）室内设计（二号）

黑体：室内设计（四号）室内设计（小二）

(图 3-11)

(5) 常用图示标志

A. 详图索引符号及详图符号：平、立、剖面图中，在需要另设详图表示的部位标注一个索引符号，以表明该详图的位置，这个索引符号即详图索引符号。“详图符号”即详图的编号，用粗实线绘制。（如图 3-12）

B. 内视符号标注在平面图中，用于表示室内立面图的位置及编号，建立平面图和室内立面图之间的联系。图中立面图编号可用英文字母或阿拉伯数字表示，黑色的箭头指向表示立面的方向。（如图 3-13）

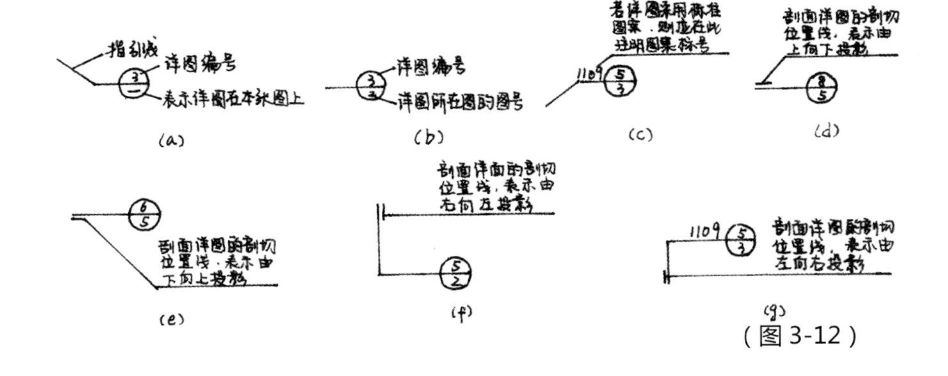

(图 3-12)

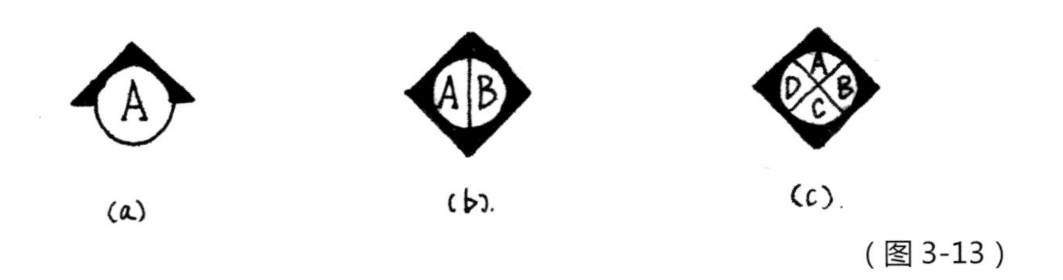

(图 3-13)

C. 引出线：由图样引出一条或多条线段指向文字说明，该线段就是引出线。引出线与水平方向的夹角一般采用 0°、30°、45°、60°、90°等。

使用多层构造引出线时，应注意构造分层的顺序要与说明文字的分层顺序一致。文字说明可以放在引出线的端头，也可放在引出线水平段之上。

(6) 常用材料符号

室内设计图中常用建筑材料图表示材料，在无法用图例表示的地方，也可以采用文字说明。（如图 3-14 ～图 3-16）

(7) 常用绘图比例

下面列出常用绘图比例，根据实际情况灵活使用。

A. 总平面图：1:500，1:1000，1:2000；

B. 平面图：1:50，1:100，1:150，1:200，1:300；

C. 立面图：1:50，1:100，1:150，1:200，1:300；

D. 剖面图：1:50，1:100，1:150，1:200，1:300；

E. 局部放大图：1:10，1:20，1:25，1:30，1:50；

F. 配件及构造详图：1:1，1:2，1:5，1:10，1:15，1:20，1:25，1:30，1:50

材料图例	说明	材料图例	说明
	自然土壤		夯实土壤
	毛石砌体		普通砖
	石材		砂、灰土
	空心砖		松散材料
	混凝土		钢筋混凝土
	多孔材料		金属
	矿渣、炉渣		玻璃
	纤维材料		防水材料 上下两种根据绘图比例大小选用
	木材		液体，须注明液体名称

（图 3-14）

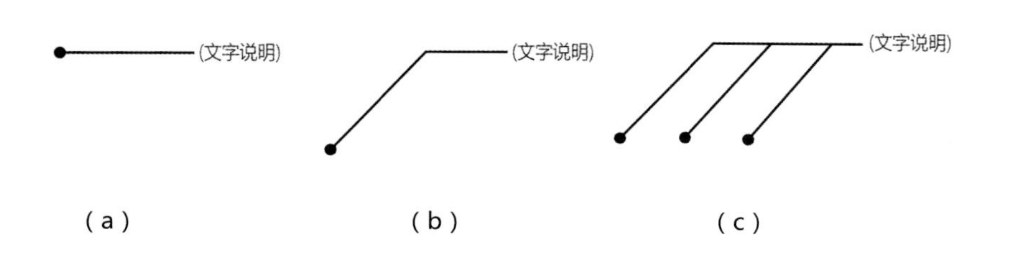

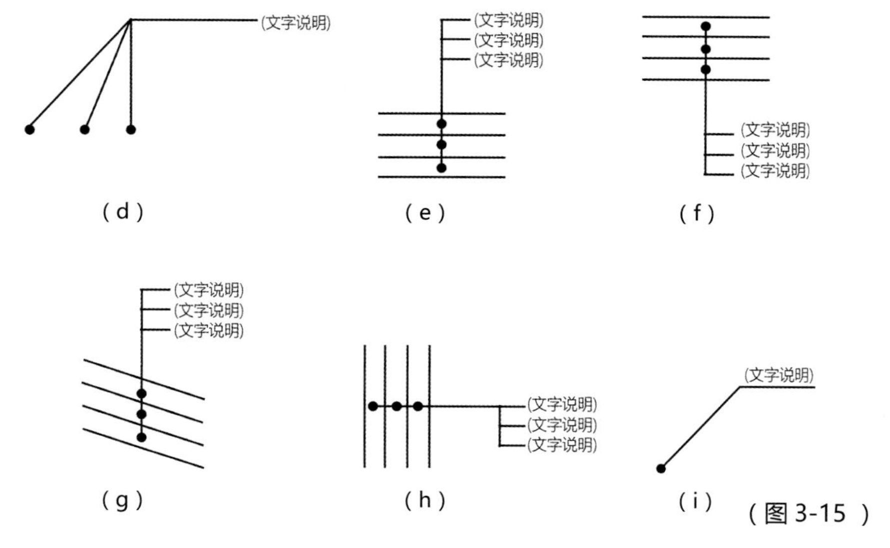

（图 3-15）

符号	说明	符号	说明
3.600 3.600	标高符号，线上数字为标高值，单位为m 下面一种在标注位置比较拥挤时采用	i=5%	表示坡度
	标注剖切位置的符号，标数字的方向为投影方向，“1”与剖面图的编号“1-1”对应	2 2	标注绘制断面图的位置，标数字的方向为投影方向，“2”与断面图的编号“1-2”对应
	对称符号。在对称图形的中轴位置画此符号，可以省画另一半图形		指北针
	楼板开方孔		楼板开圆孔
@	表示重复出现的固定间隔，例如“双向木格栅@500”	φ	表示直径，如φ30
平面图 1:100	图名及比例	1 1:5	索引详图名及比例
	顶层楼梯		中间层楼梯
	单扇平开门		旋转门
	双扇平开门		卷帘门
	子母门		单扇推拉门
	单扇弹簧门		双扇推拉门
	四扇推拉门		折叠门

（图 3-16 室内设计常用图例）

第四节 室内设计常用尺寸

4.1 家居空间

(1) 起居室的处理要点

A. 起居室是人们日间的主要活动场所，平面布置应按会客、娱乐、学习等功能进行区域划分。

B. 功能区的划分与通道应尽量避免干扰。

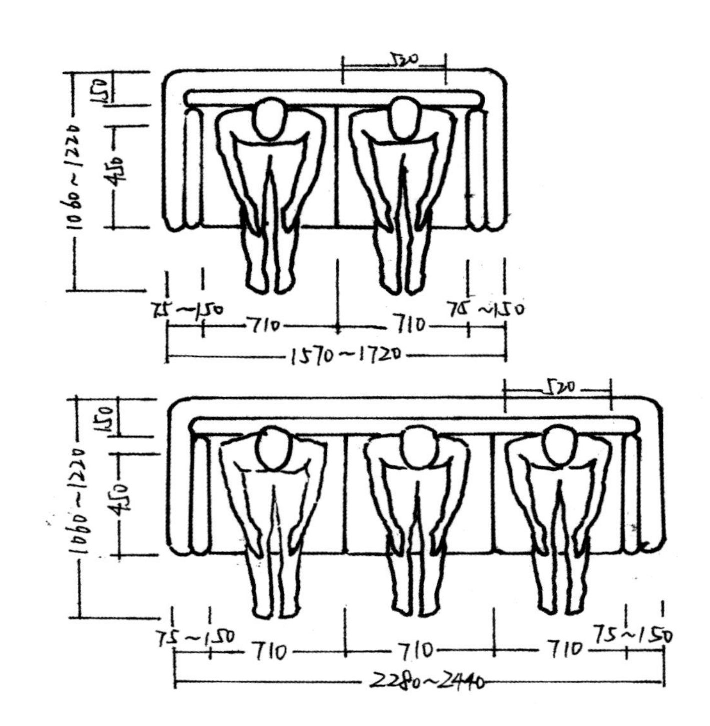

(2) 卧室处理要点

卧室的功能布局应该有睡眠、储藏、梳妆及阅读等部分。平面布局应以床为中。睡眠区的位置应相对比较安静。

(3) 卫生间处理要点

A. 卫生间洗浴部分应与厕所分开，如不能分开，也应该在布置上有所明显的划分。并尽可能设置隔屏、帘等。

B. 浴缸及便池附近应设置尺度适宜的扶手，以便老弱病人使用。

C. 如空间允许，洗脸梳妆部分应单独设置。

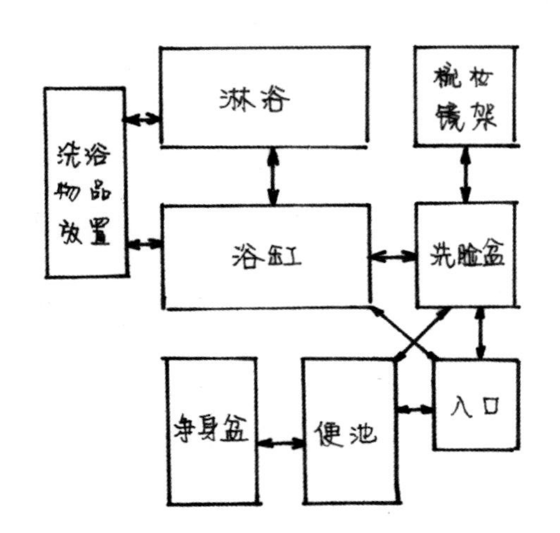

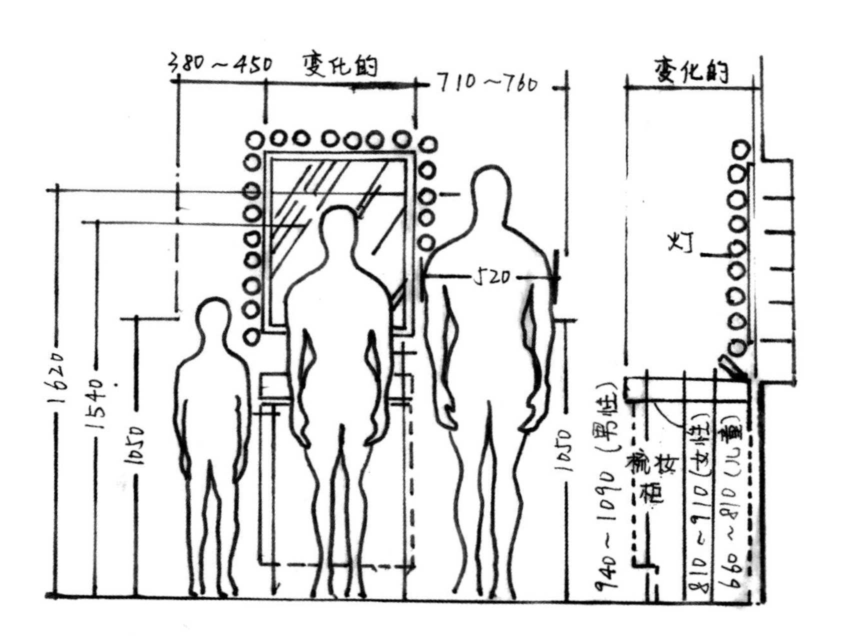

(4) 家居常用尺寸

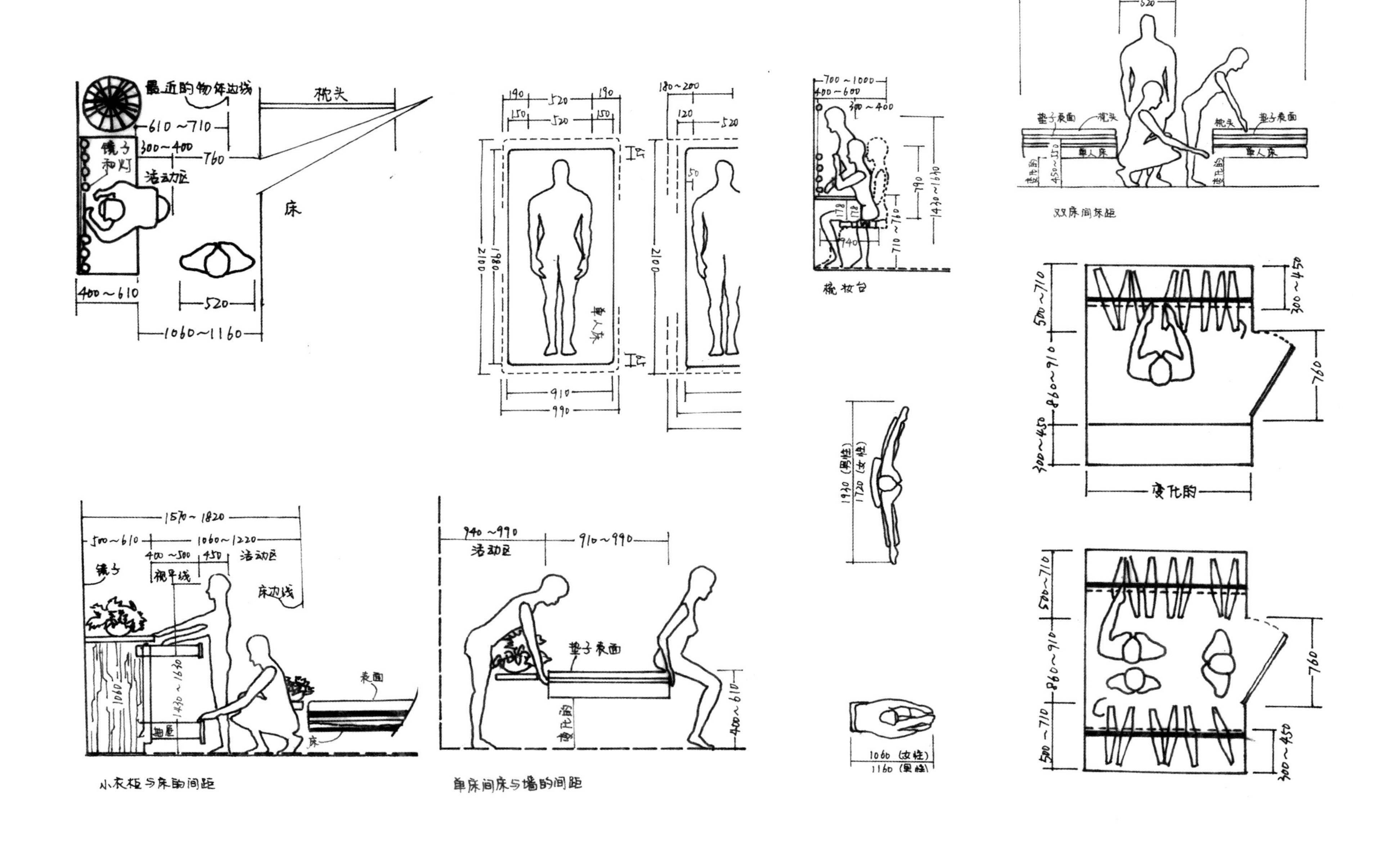

最近的物体边线
610～710
镜子和灯
300～400
760
活动区
枕头
床
400～610
520
1060～1160
190
520
150
2100
1980
单人床
910
990
180～200
120
700～1000
400～600
300～400
梳妆台
910～990
910
通行区
520
垫子表面
单人床
双床间床距
760
变化的
1570～1820
500～610
1060～1220
活动区
镜子
视平线
床边线
抽屉
1430～1630
表面
床
小衣柜与床的间距
940～990
910～990
垫子表面
变化的
450～610
单床间床与墙的间距
1930（男性）
1720（女性）
1060（女性）
1160（男性）

(5) 卫生间人体尺寸

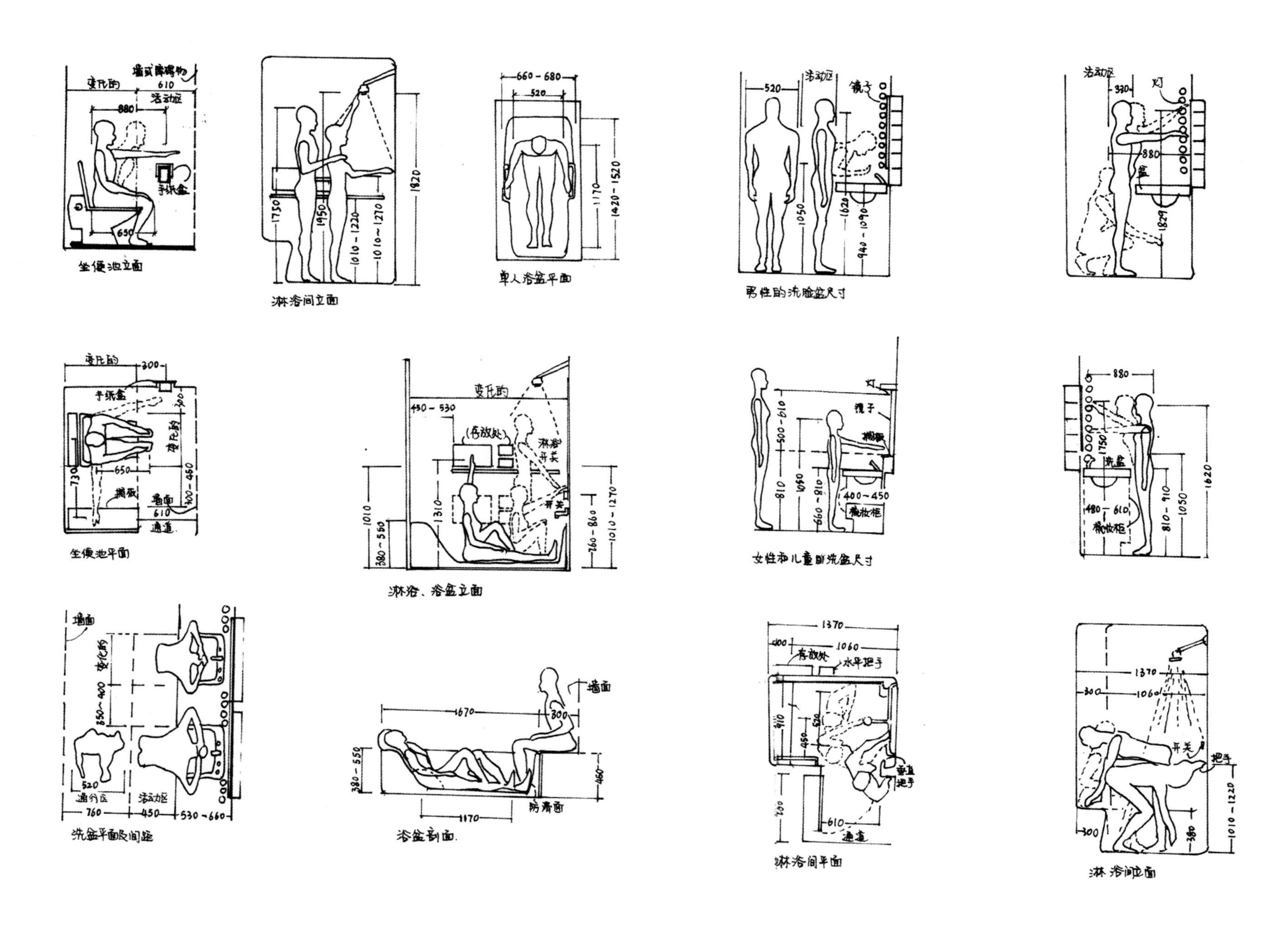

坐便池立面
淋浴间立面
单人浴盆平面
男性的洗脸盆尺寸
坐便池平面
淋浴、浴盆立面
女性和儿童的洗盆尺寸
洗盆平面及间距
浴盆剖面
淋浴间平面
淋浴间立面

4.2 办公空间

(1) 普通办公处理要点及常用尺寸

A. 传统的办公空间比较固定，如为个人使用则主要考虑各种功能的分区，既要分区合理又应避免过多走动。

B. 如为多数人使用的办公空间，在布置上则应先考虑按工作顺序安排每个人的位置和办公设备的位置，应避免相互干扰。室内的通道布局要合理，避免来回穿插及走动过多等问题的出现。

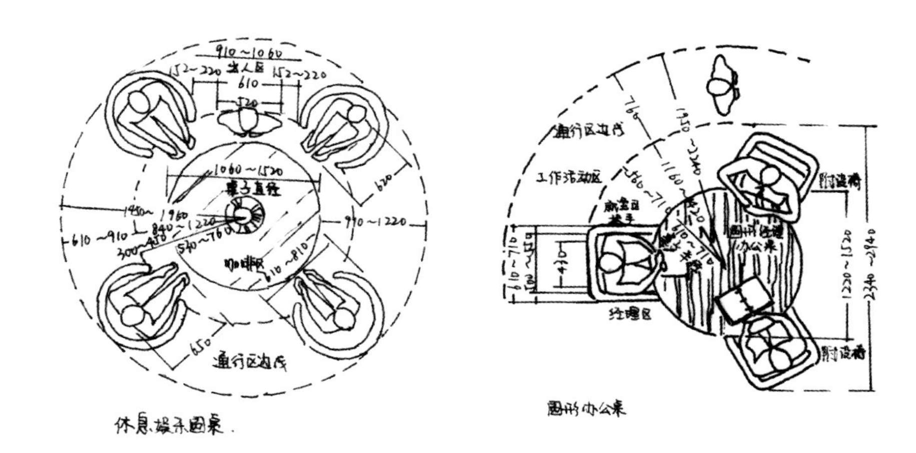

休息/娱乐圆桌　　圆形办公桌

普通办公室常用尺寸

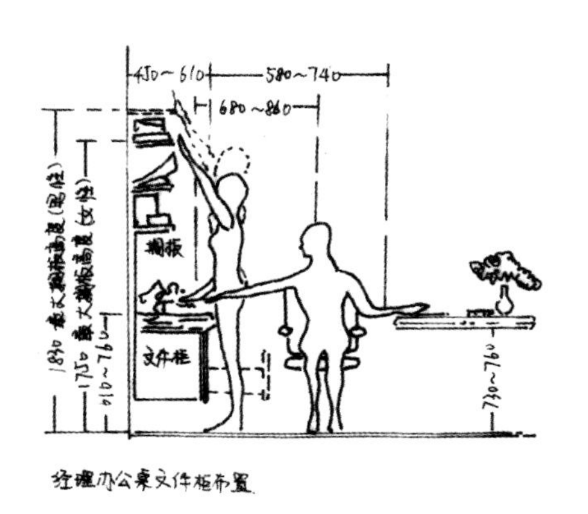

经理办公桌文件柜布置

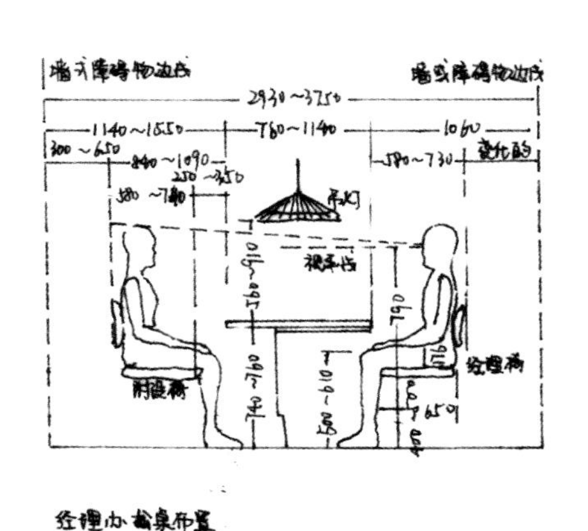

经理办公桌布置

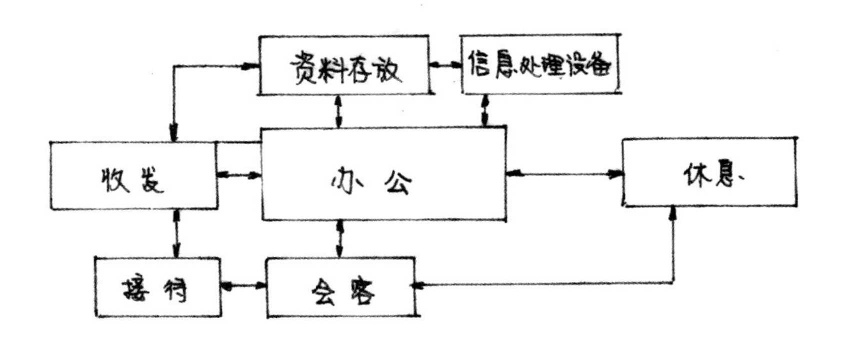

(2) 会议室常用人体尺度

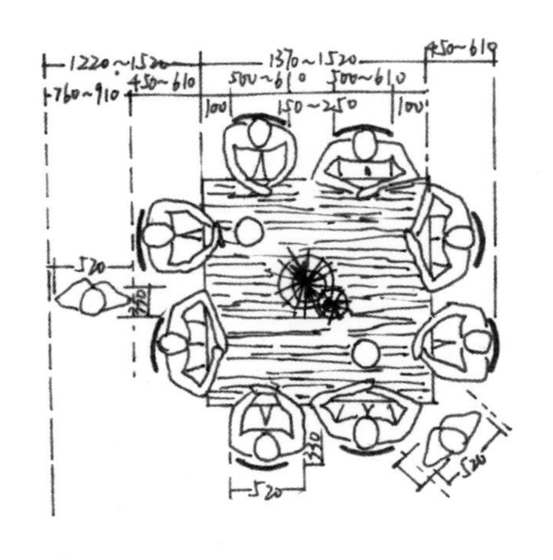

方形会议桌

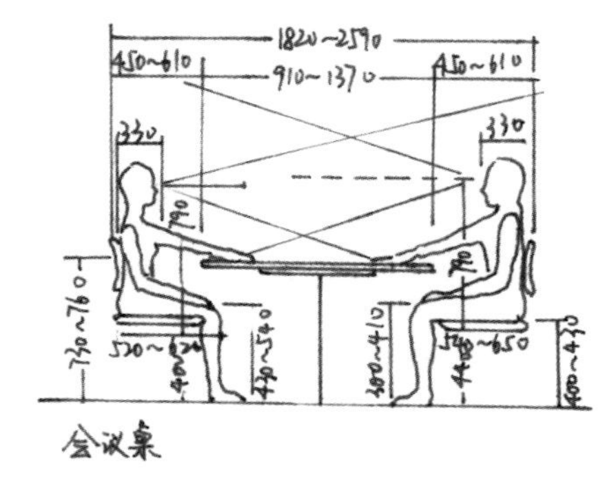

会议桌

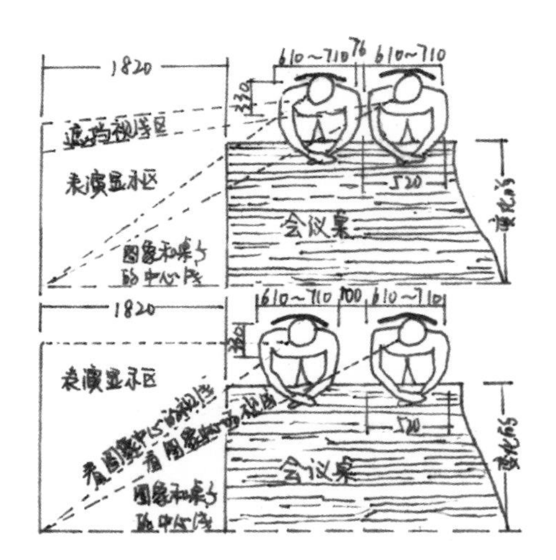

视听会议桌 布置与视线

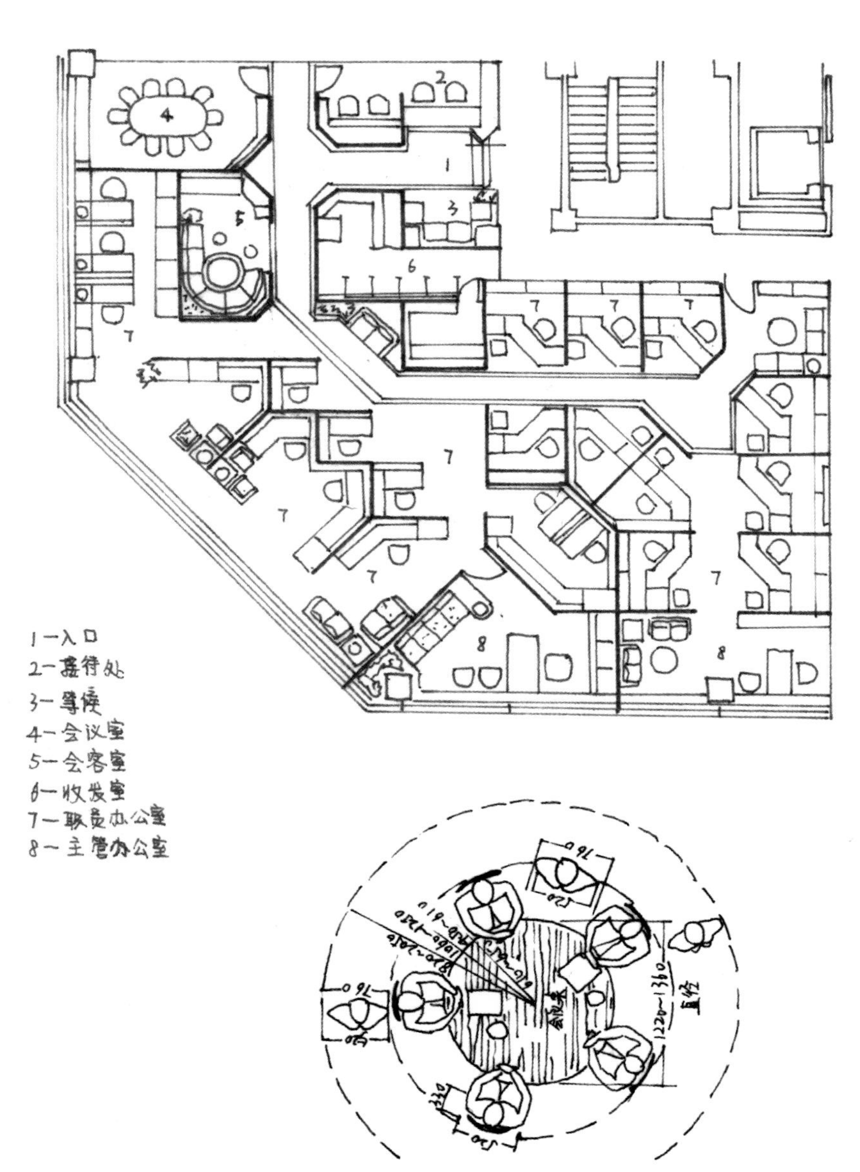

(3) 会议室平面布置举例

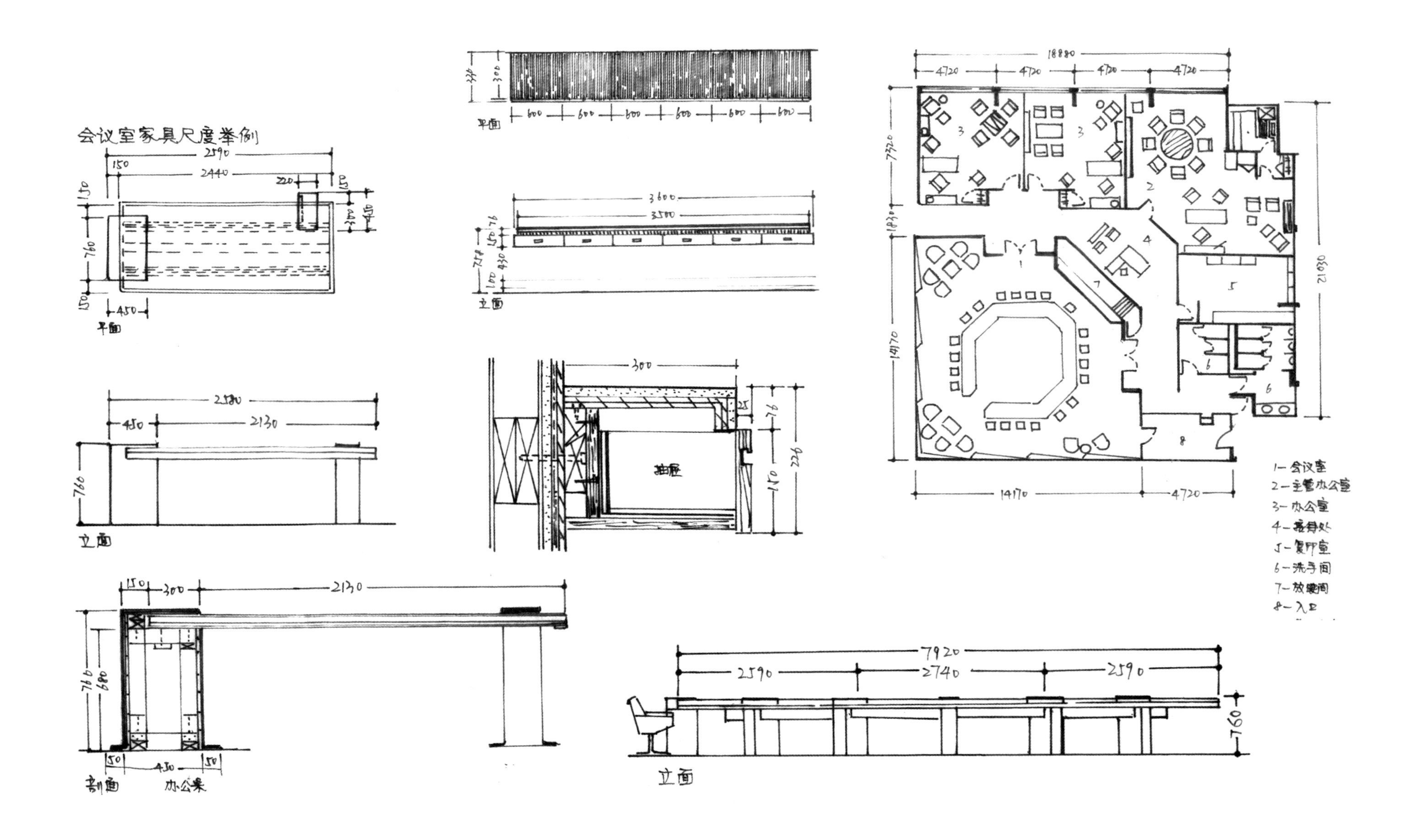

会议室家具尺度举例
平面
立面
剖面
办公桌
抽屉
1—会议室
2—主管办公室
3—办公室
4—接待处
5—复印室
6—洗手间
7—放映间
8—入口

4.3 商业空间

(1) 餐厅空间处理要点

A. 餐厅入口应宽些，避免人流阻塞。大型的较正式餐厅可设客人等候席。入口通道应直通柜台或接待台。

B. 餐桌形式应根据客人对象而定：以零散客人为主的可以设置四人桌，以团体客人为主的可设置六人以上的席位。

C. 在以便餐为主的餐馆可设柜台席。

D. 由于食品烹调方式不同，厨房可根据具体情况确定是否向客席区敞开。

E. 服务台的位置应根据客席布局而定。

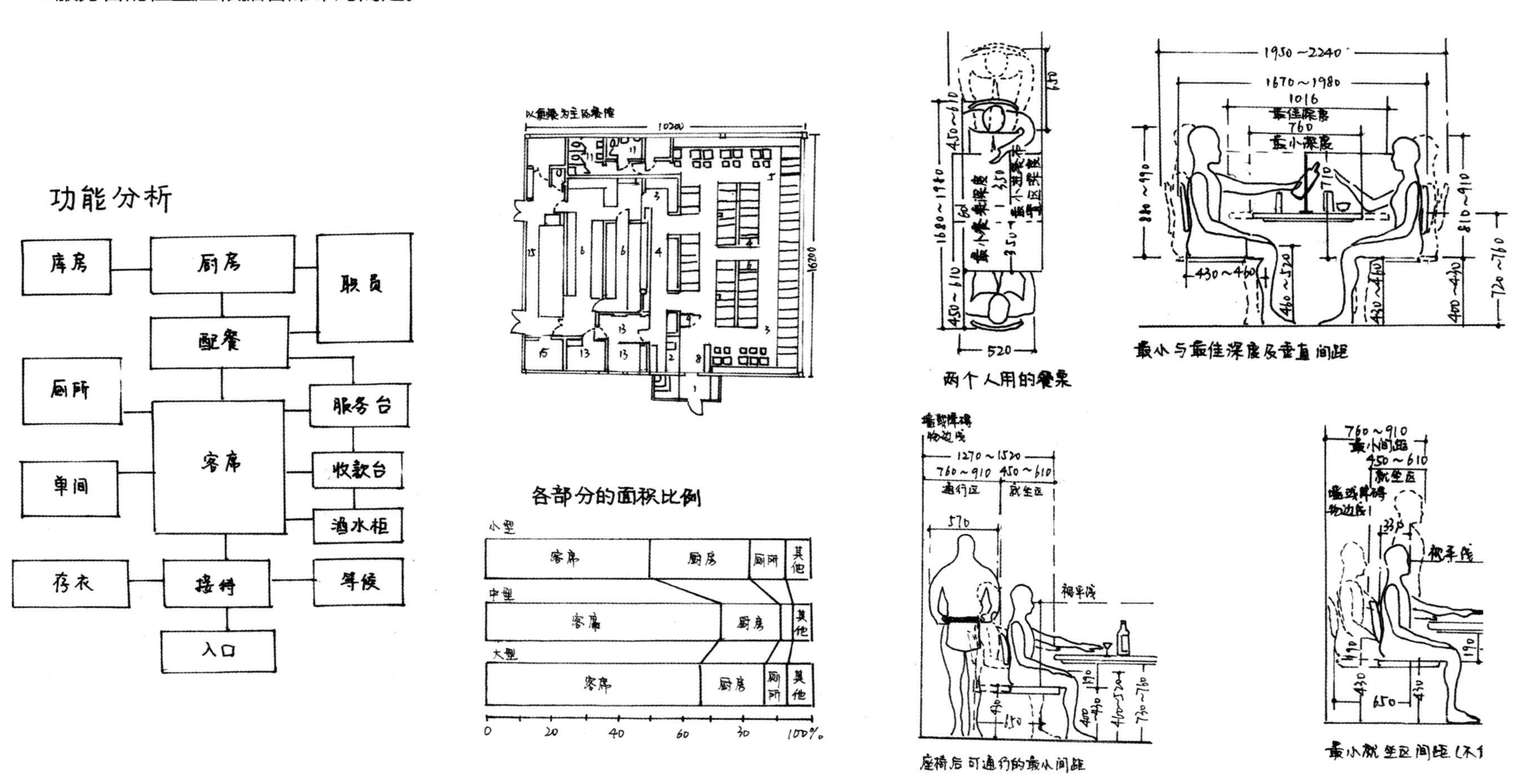

(2) 餐厅空间

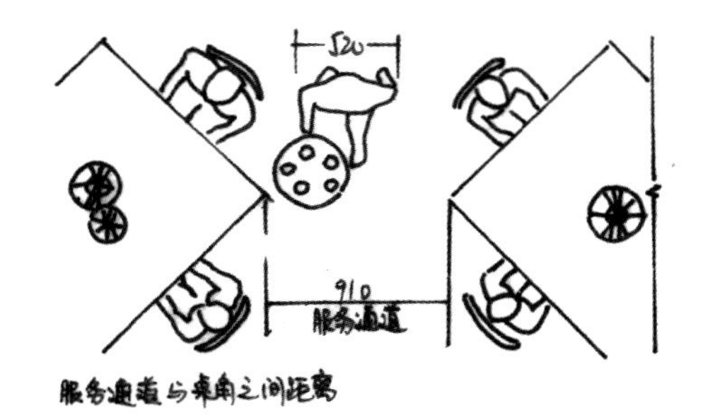
520
910
服务通道
服务通道与桌角之间距离

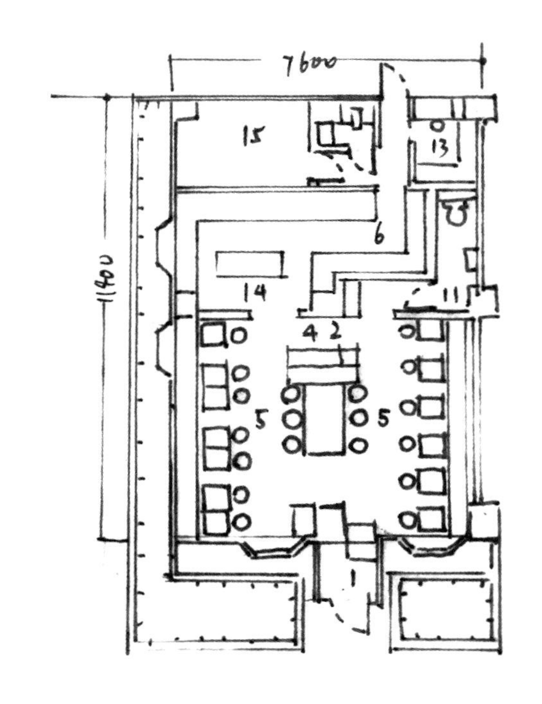
7600
11400
15
13
6
14
4 2
11
5
5
1

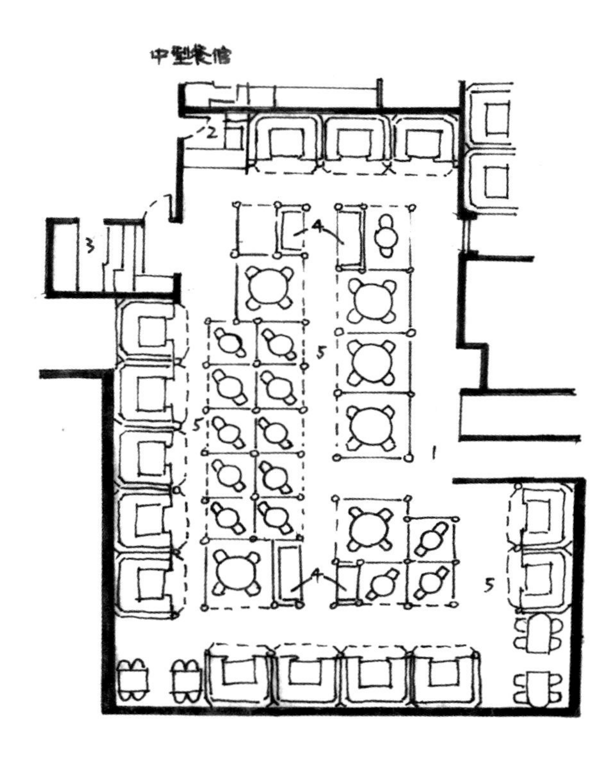
中型餐馆
2
3
4
5
5
1
4
5

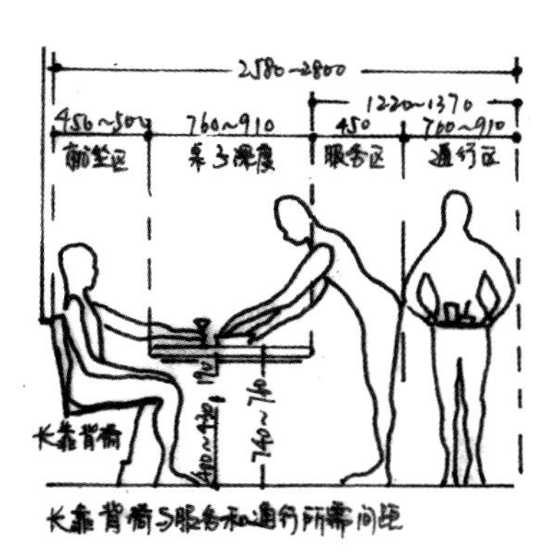
2580~2800
1220~1370
450~500
760~910
450
760~910
就坐区
桌子深度
服务区
通行区
长靠背椅
长靠背椅与服务和通行所需间距

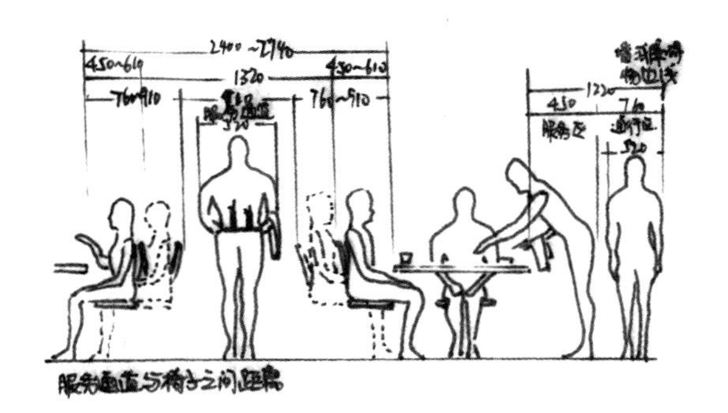
2400~2740
1320
760~910
450
服务通道与椅子之间距离

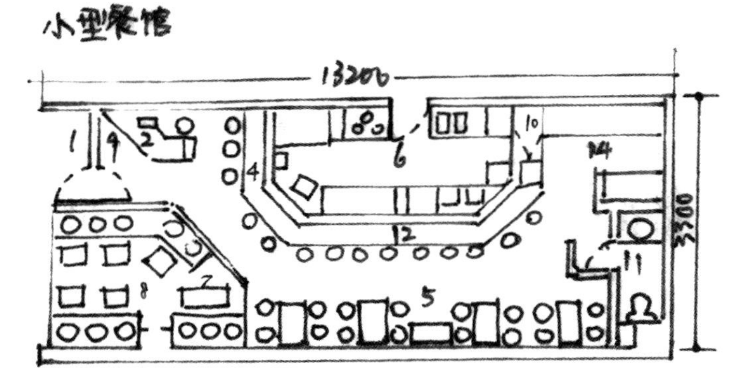
小型餐馆
13200
3300
1
4
2
4
6
10
12
5
8
7
11

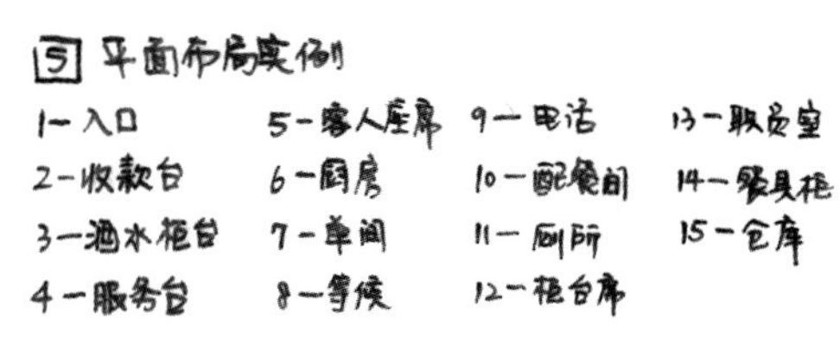
5 平面布局实例
1一入口
2一收款台
3一酒水柜台
4一服务台
5一客人座席
6一厨房
7一单间
8一等候
9一电话
10一配餐间
11一厕所
12一柜台席
13一职员室
14一餐具柜
15一仓库

(3) 快餐厅空间处理要点

A. 快餐厅顾名思义“快”为第一准则，因此在内部空间处理上应简洁明快，去除过多层次。

B. 客人席位简单些的只设站席，可加快客人流动。一般以设座席为主，柜台式席位是目前国外较流行的，很适合赶时间就餐的客人。

C. 在有条件的繁华地点 还可以在店面设置外卖窗口以适应买走的客人。

D. 快餐厅因食品多为半成品加工，厨房可向客人开放，增加就餐气氛。

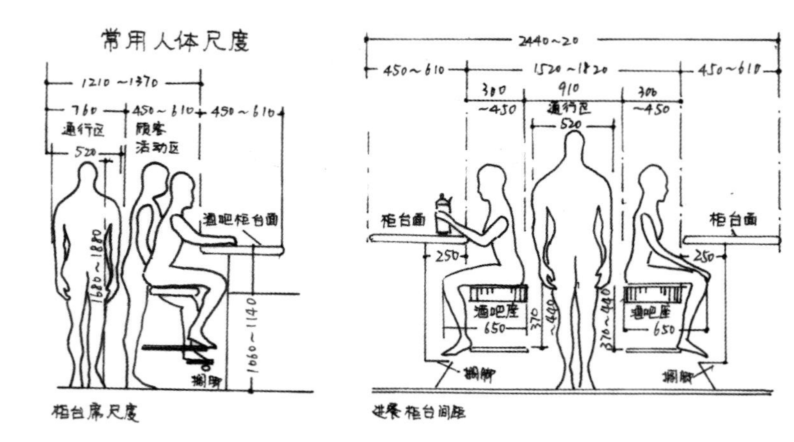

平面布局实例

1-入口　4-自助餐服务台　7-快餐柜台席　10-洗涤室
2-收款台　5-快餐桌　8-厨房　11-服务台
3-等候休息　6-座席区　9-备餐间　12-厕所

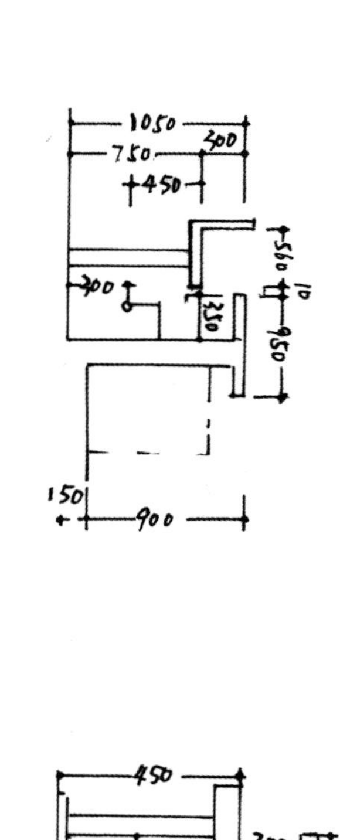

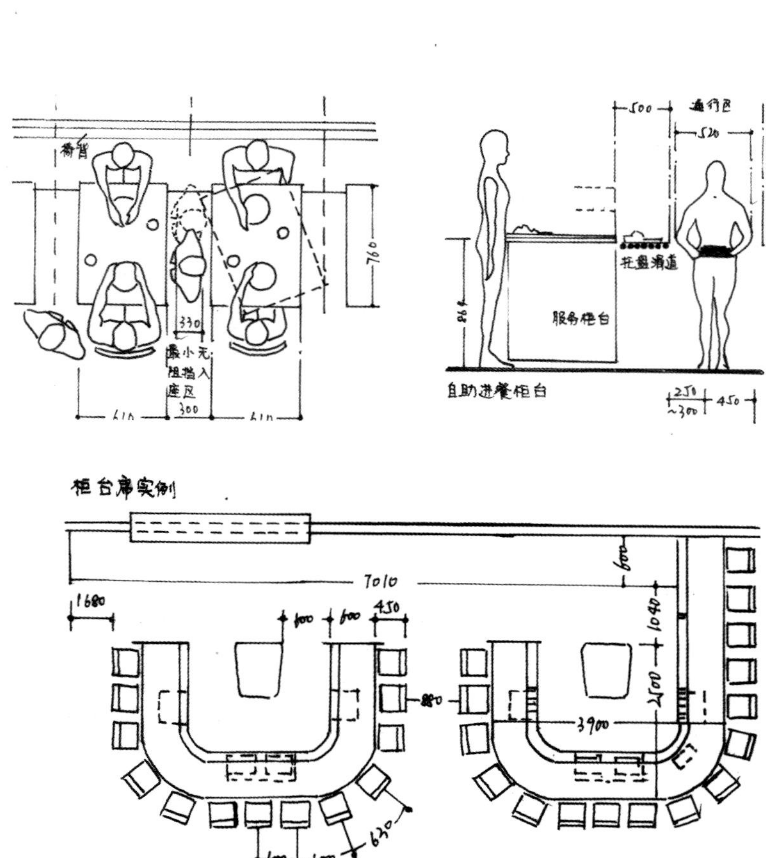

(4) 旅店客房空间处理要点

A. 标准较低的客房每间一般 4~8 床位，卫生设备是公用的，标准高的客房有单独壁橱和卫生间，每间 1~2 床位。

B. 客房内家具布置以床为中心，床一般靠向一面墙壁开门。其他空间可放梳妆台、电视架及行李架等。

C. 客房内走道宽度为 1.1m。

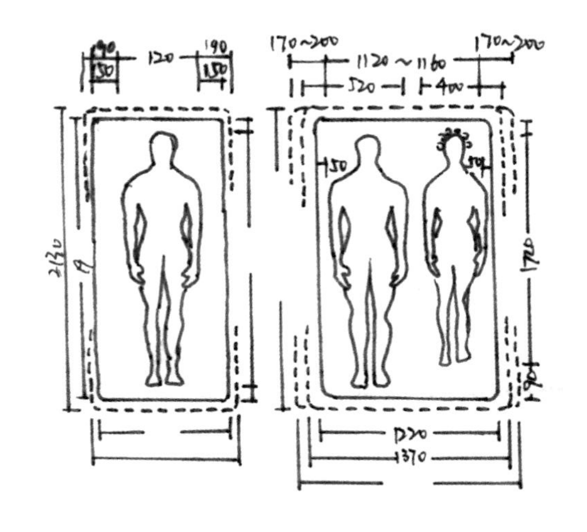

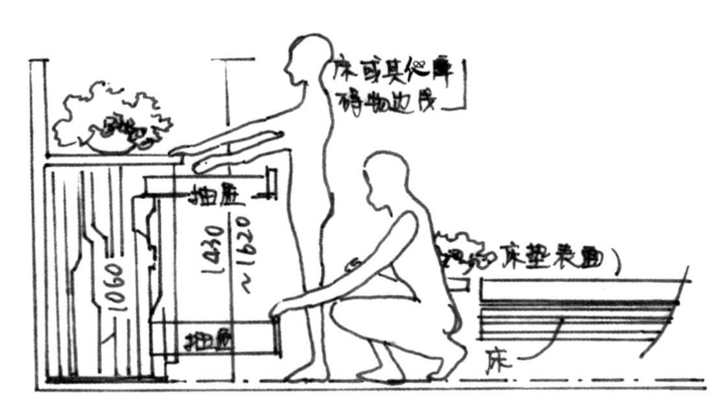

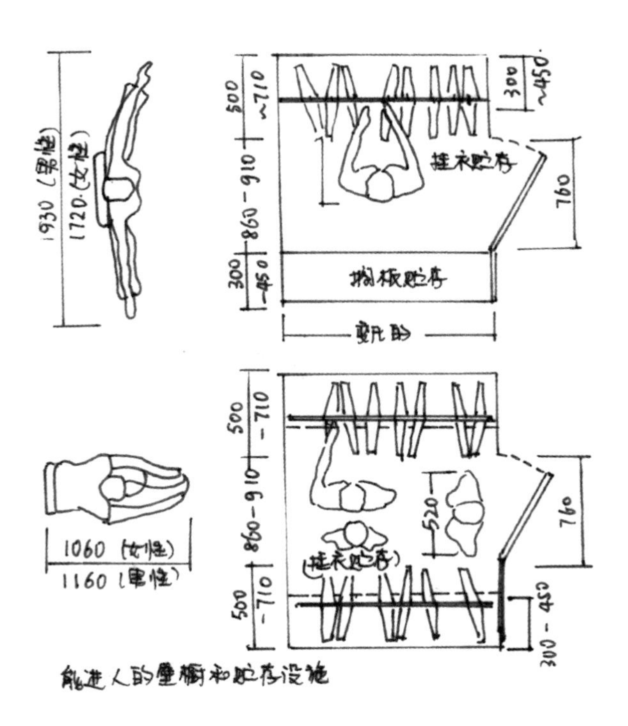

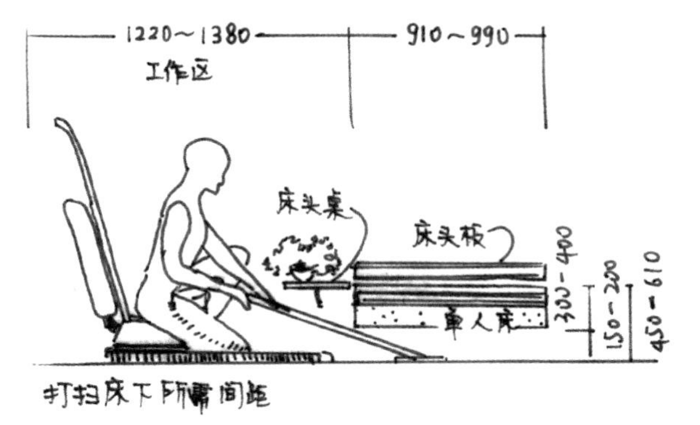

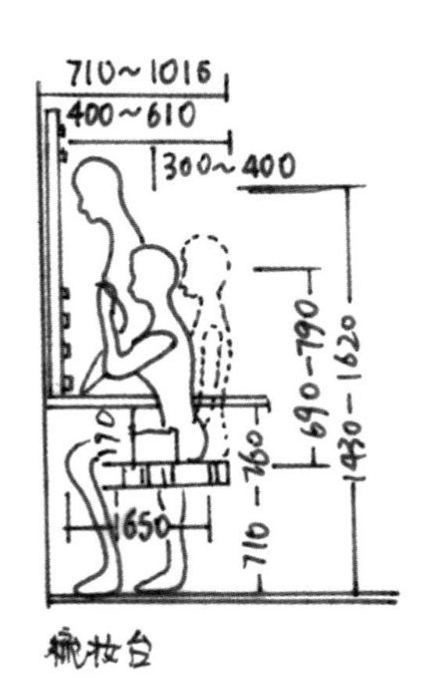

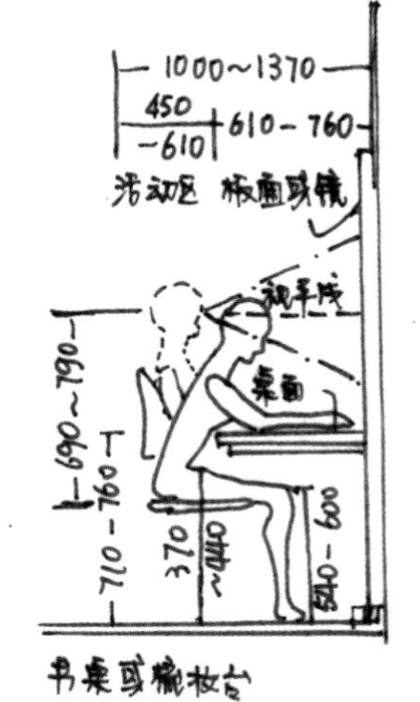

(5) 客房平面布局举例

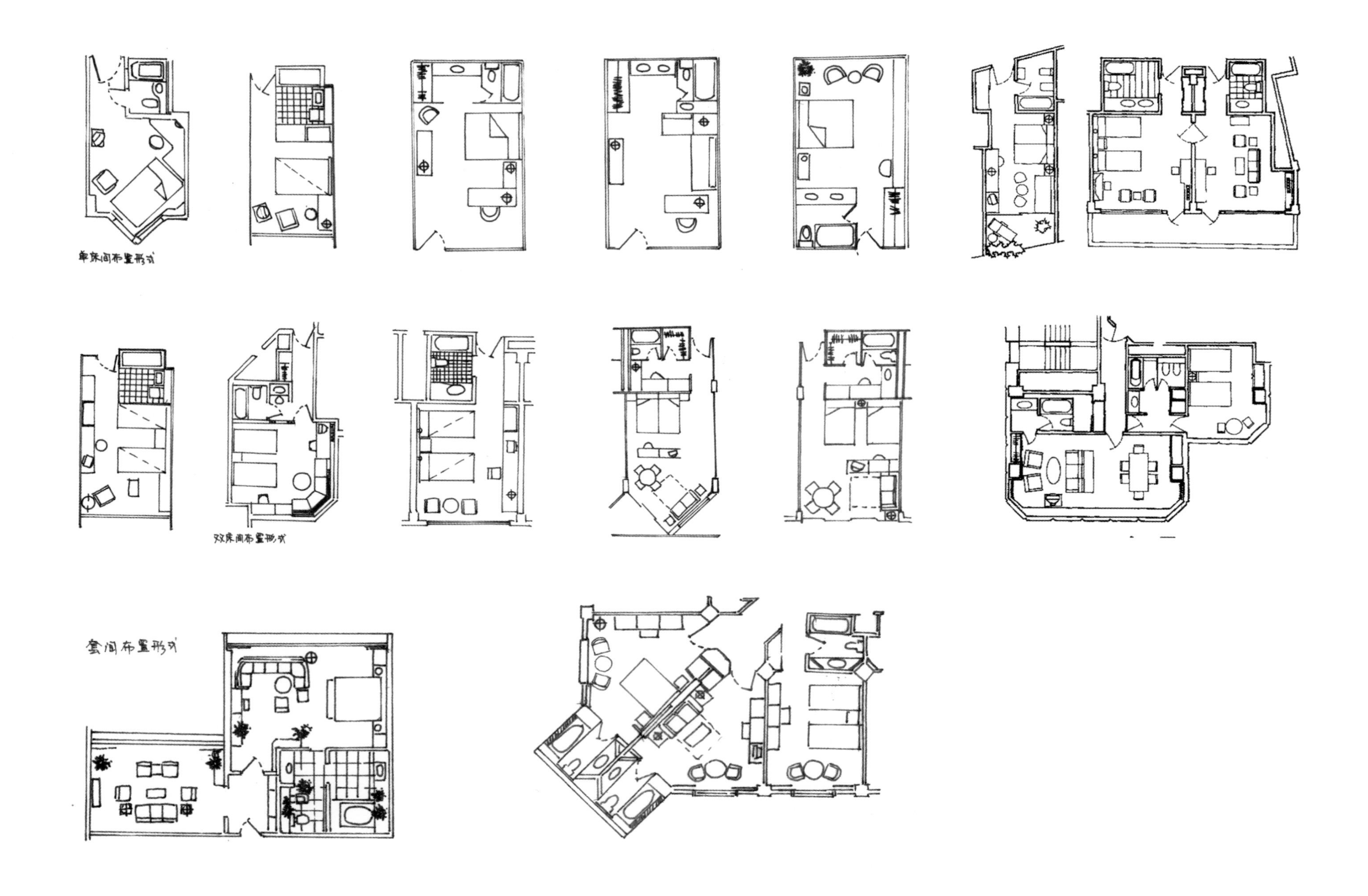

(6) 典型客房家具平面图

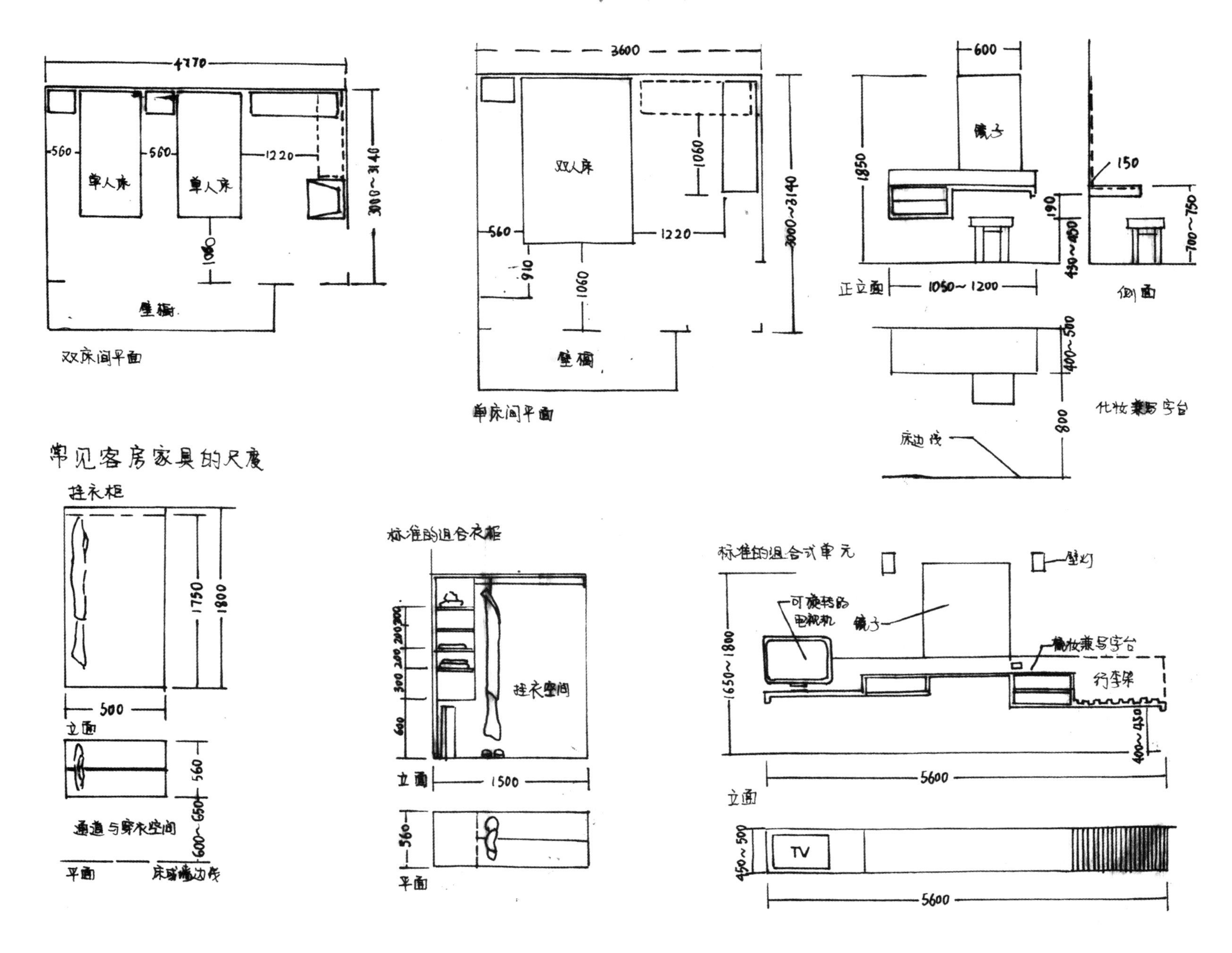
4770
560
560
1220
单人床
单人床
1080
3000~3140
壁橱
双床间平面
3600
双人床
1080
560
1220
910
1060
3000~3140
壁橱
单床间平面
600
镜子
1850
150
190
450~480
700~750
正立面
1050~1200
侧面
400~500
800
化妆兼写字台
床边线
常见客房家具的尺度
挂衣柜
1750
1800
500
立面
560
通道与穿衣空间
600~650
平面
床或墙边线
标准的组合衣柜
挂衣空间
立面
1500
560
平面
标准的组合式单元
壁灯
可旋转的电视机
镜子
化妆兼写字台
行李架
1650~1800
400~450
5600
立面
TV
450~500
5600

(7) 咖啡馆空间处理要点

A. 咖啡厅内的座位数应与房间大小相适应，并且比例合适。一般的面积与座位的比例关系为 1.1~1.7m^2/ 座。

B. 空间处理应尽量使人感到亲切，一个大的开放空间不如分成几个小空间好。

C. 家具应成组布置，且布置形式应有所变化，尽量为顾客创造亲切独立空间。

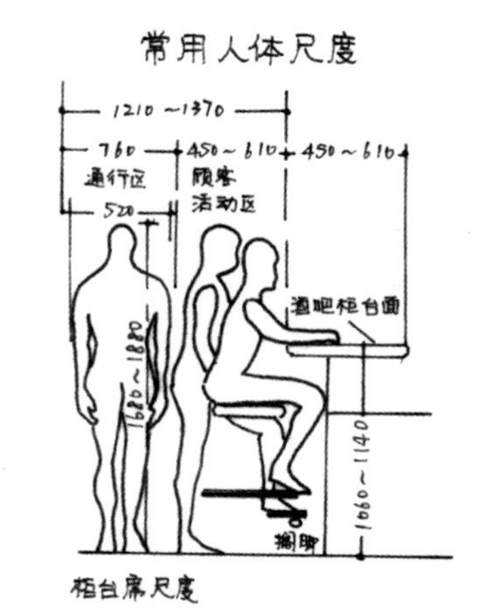

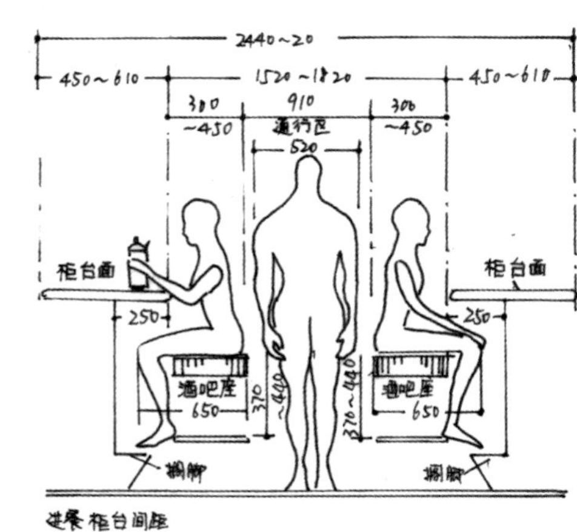

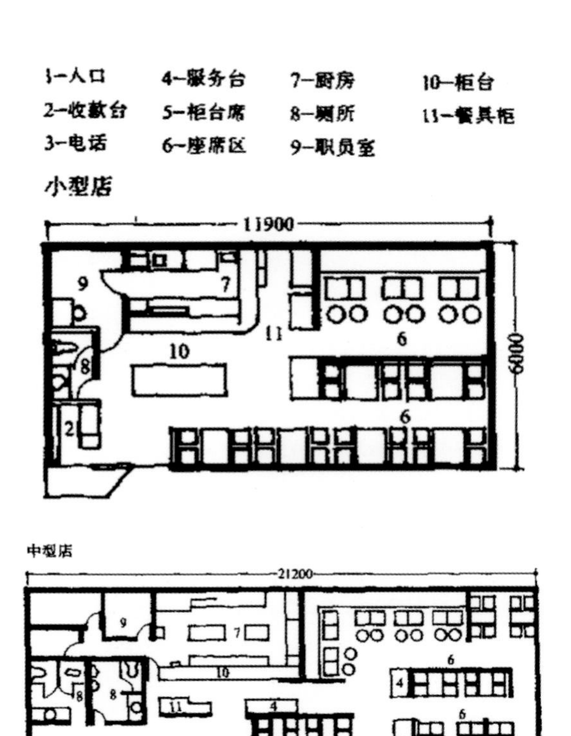

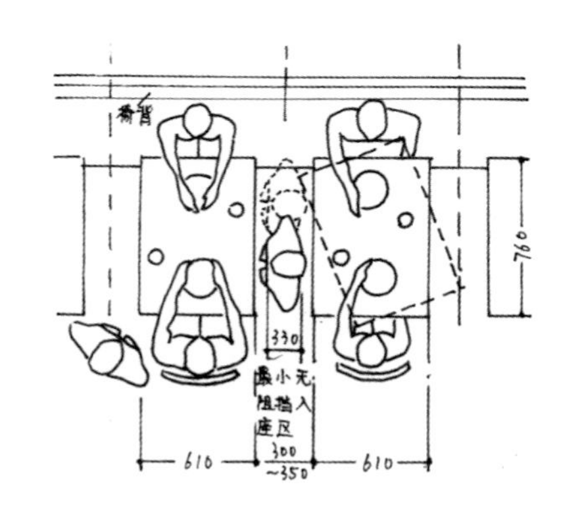

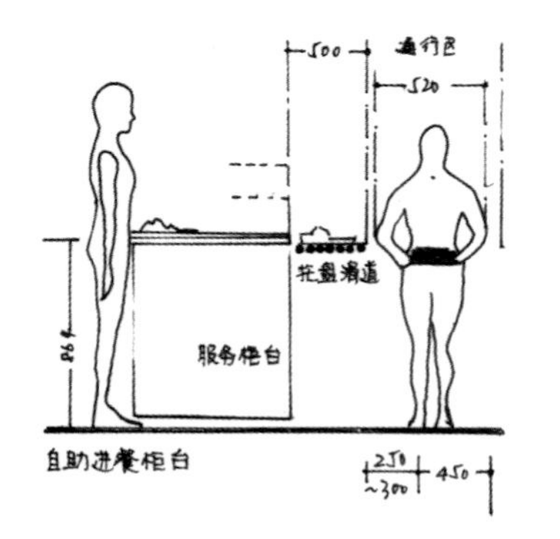

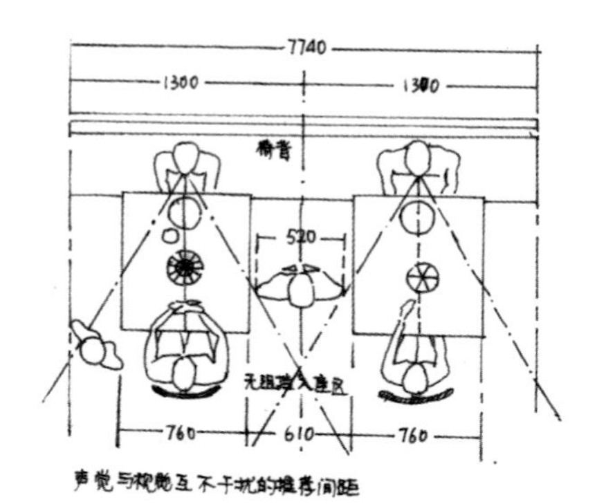

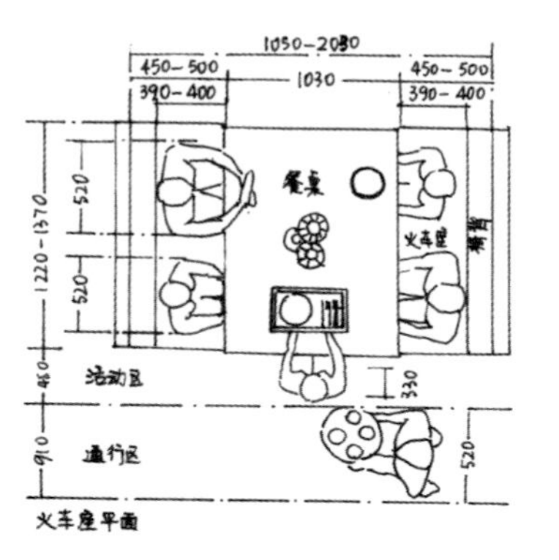

第五节 平面与立、剖面图练习

5.1 平面图的注意事项及步骤画法

室内平面图主要是用来说明室内功能布局、交通流线、各种家具家电陈设、各种绿化等之间的相互关系，以及通过平面图来判断整个设计是否合理与舒适的主要依据，所以它是快题考试中最具有分量的一张图纸。在平面图表现中，所选的图形不仅要美观还要简洁。同时要熟悉不同图例的表现方式。

室内平面布置图在平面表现时要注意以下几点：

（1）平面布置图必须绘出所有涉及的家具、家电、陈设配饰等的水平投影，并按照规定的图例符号绘制出来。

（2）在绘制家具、家电时必须按照与平面图相应的比例来绘制，同时加上一定的投影关系，以便强调形体。室内设计中的吊柜，以及高于剖切平面以上的固定设施均用虚线表示。

（3）平面布置图中的尺寸应画出房间尺寸及家具、家电设施之间的定位尺寸，而与装修无关的尺寸可不标注。

（4）在平面图中还应表明需要装修的剖面位置和投影方向。

平面图纸步骤：

首先定好比例尺，平面布置图常用比例尺有 1:100；1:50；1:75 等。

第一步，绘制轴线。如果附有现成的户型图，也需要把它转到正稿上，转的时候，先按照尺寸把纵向和横向的轴线用丁字尺和三角板画出点划线。

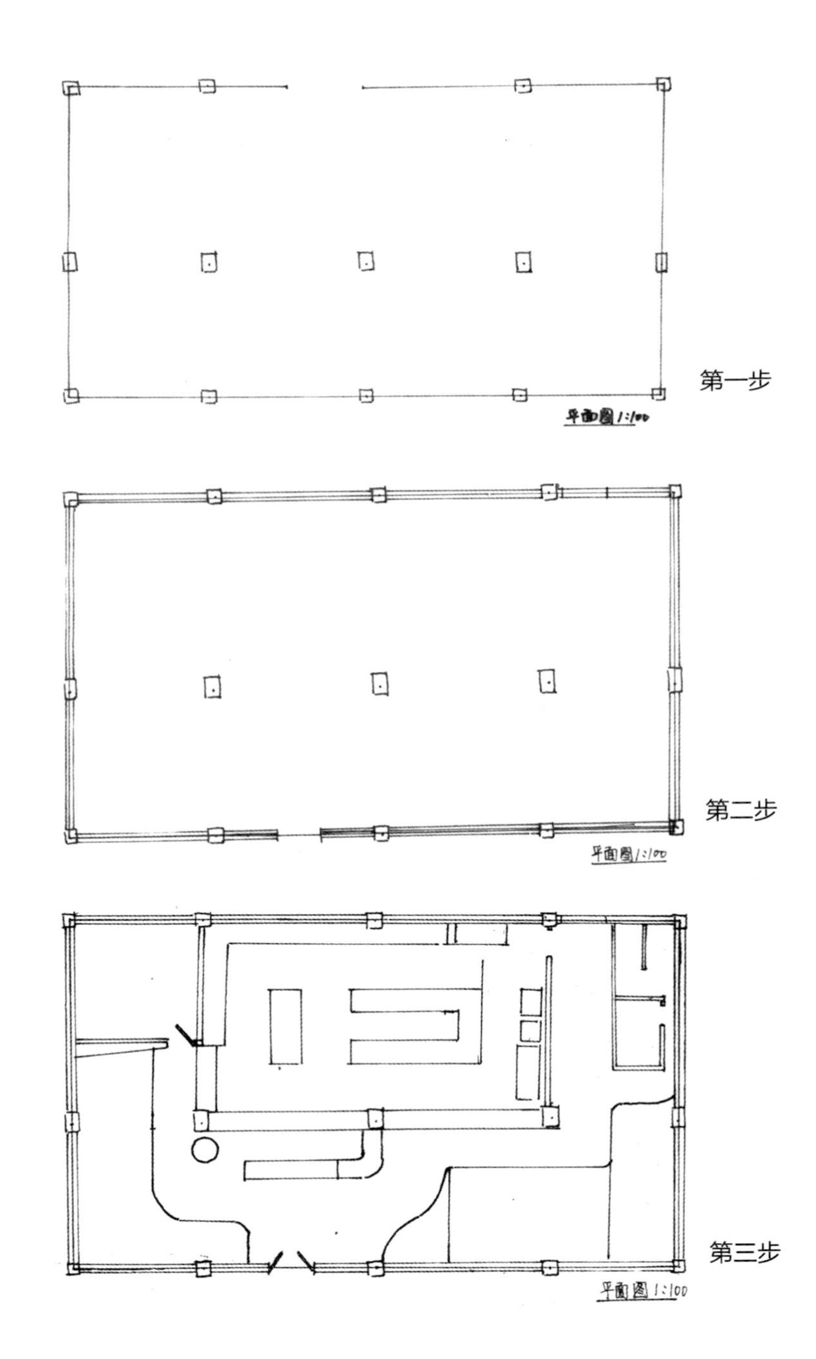

第二步，绘制墙体、门、窗和柱子。对于承重墙可以用马克笔沿着轴线画出来，一般的梁都为 300mm，柱为 450mm，墙体为 240mm 或 370mm，隔墙 80~120mm 左右。反复把握这几个尺寸就会很熟练。把墙体画好之后，用签字笔把门窗用模板表现出来。

第三步，将主要隔断、隔墙、地面区域界线、通道、家具位置用长线画出。一般来说，主要通道在 1500mm 左右，公共空间的最窄通道最好不小于 900mm。

第四步，画出家具设备、设施的主要结构，画家具、陈设、隔断可以运用模板来表现，稍大的用尺规工具，稍小的可以徒手画。

第五步，画铺装、材质符号、绿化及装饰。这些细部要结合精细的和粗放的表现手法。比如 ,点状绿化、地砖的分格线可以使用对应的圆孔板、直尺、三角尺等来绘制，其余材质符号、植物、水纹等均用徒手快速表现的方法。这样的表现，画面细部和整体上协调，又更显丰富。（注：在绘制地砖时局部表现，示意即可。）

第六步，调整画面的线条，补充不足，并用文字来进一步说明。

第七步，画阴影以及对错误线的修改。为了画面的表现力更强，更能抓住人的注意，还可以用马克笔和彩铅来上色。

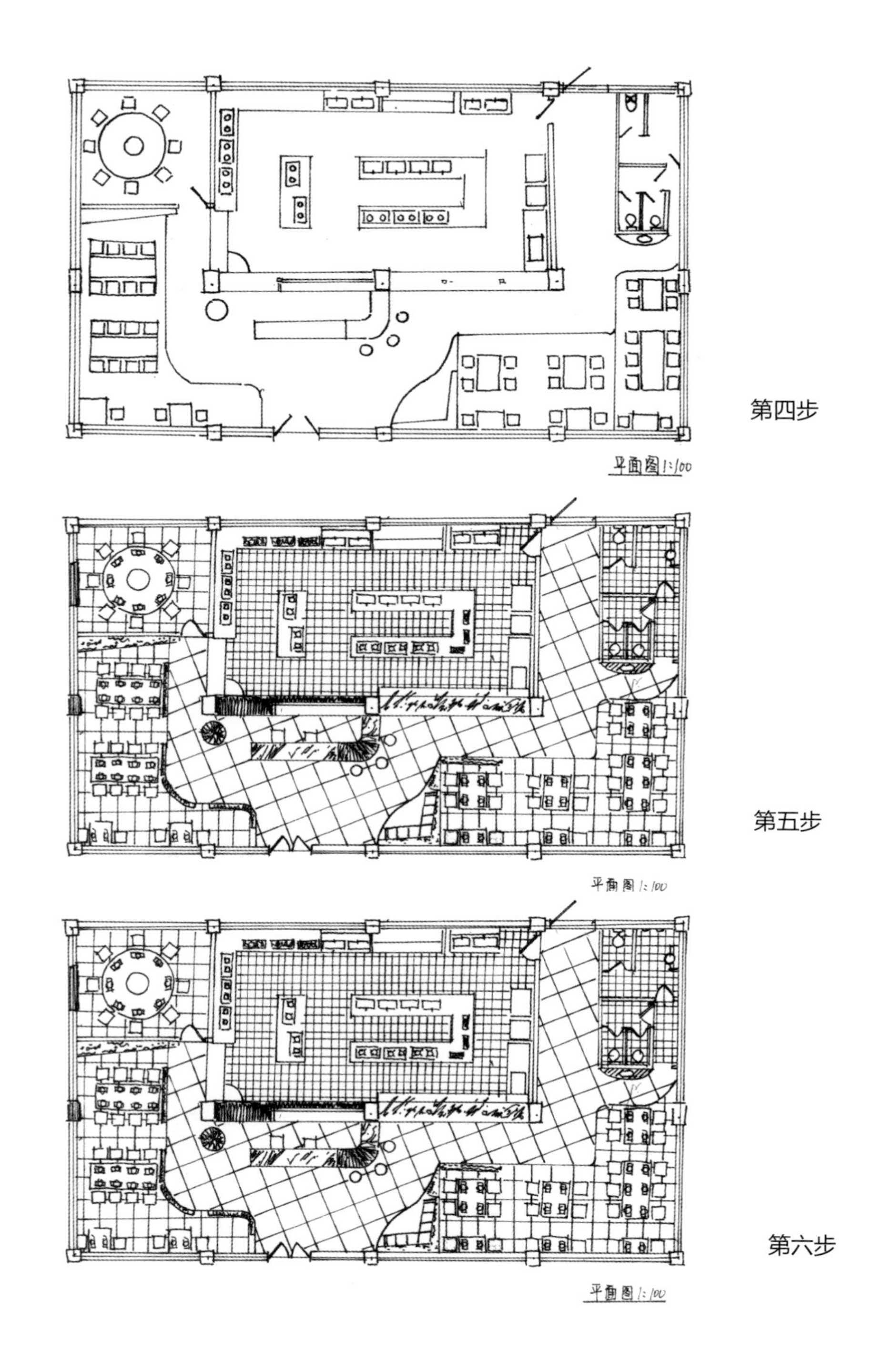

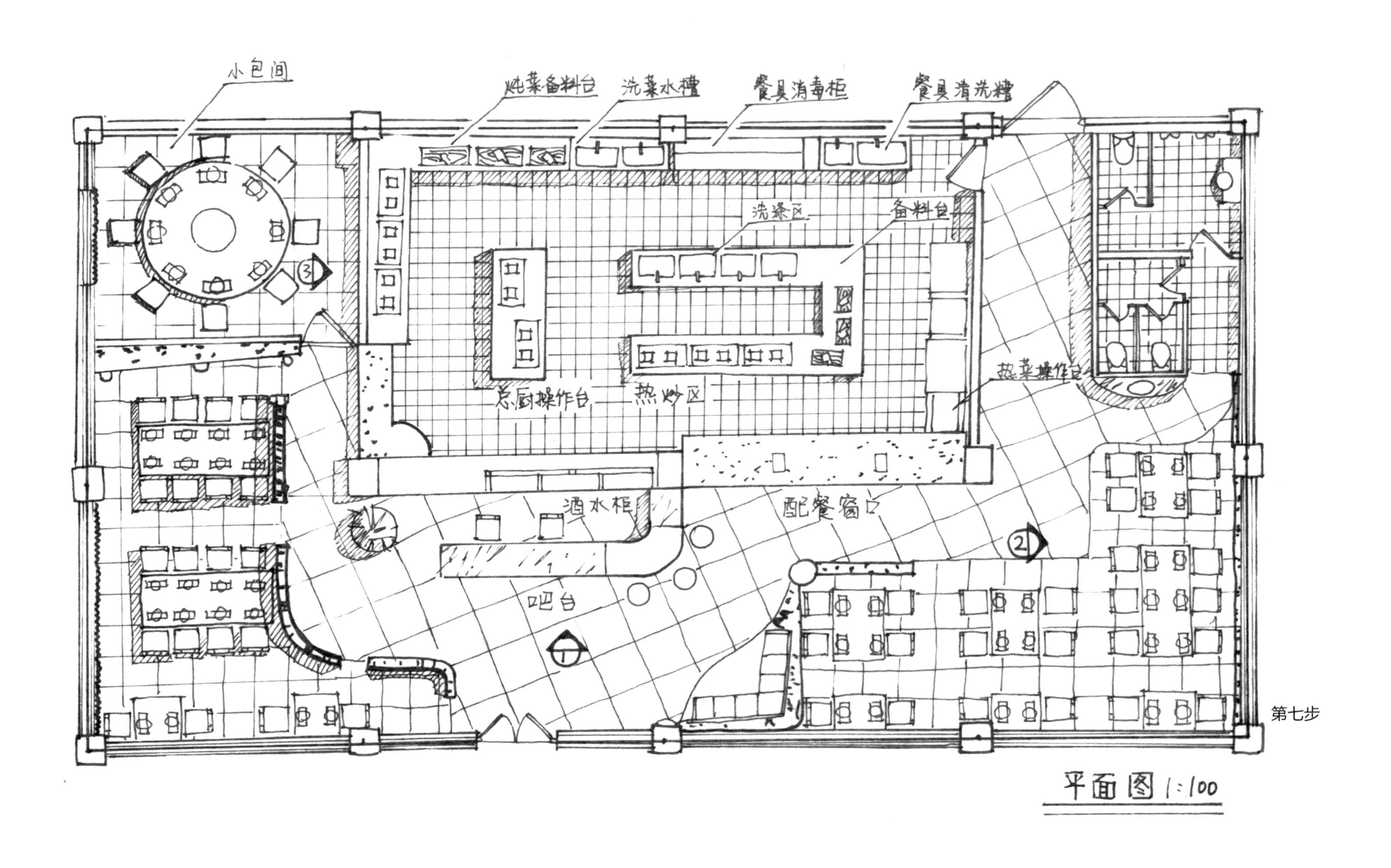
小包间
炖菜备料台
洗菜水槽
餐具消毒柜
餐具清洗槽
洗涤区
备料台
热菜操作台
总厨操作台
热炒区
酒水柜
配餐窗口
吧台
平面图 1:100

第七步

5.2 立、剖面图的画法及图示内容

立面图是将室内墙面按内视投影符号的指向，向直立投影面所作的正投影图，以此来反映室内空间垂直方向的设计形式、尺寸、做法、材料与色彩的选用等内容。

立面图应包括投影方向可见的室内轮廓线和装饰构造、门窗、构配件、墙面做法、固定家具、灯具等内容及必要的尺寸和标高，并需表达非固定家具、装饰物件等情况。立面图的顶棚轮廓线可根据情况表达吊顶或同时表达吊顶及结构顶棚。

立面图的外轮廓用粗实线表示，墙面上的门窗及墙面的凹凸造型用中实线表示，其他图示内容、尺寸标注、引出线等用细实线表示。室内立面图一般不画虚线。室内立面图的常用比例为 1:50，可用比例为 1:30、1:40 等。

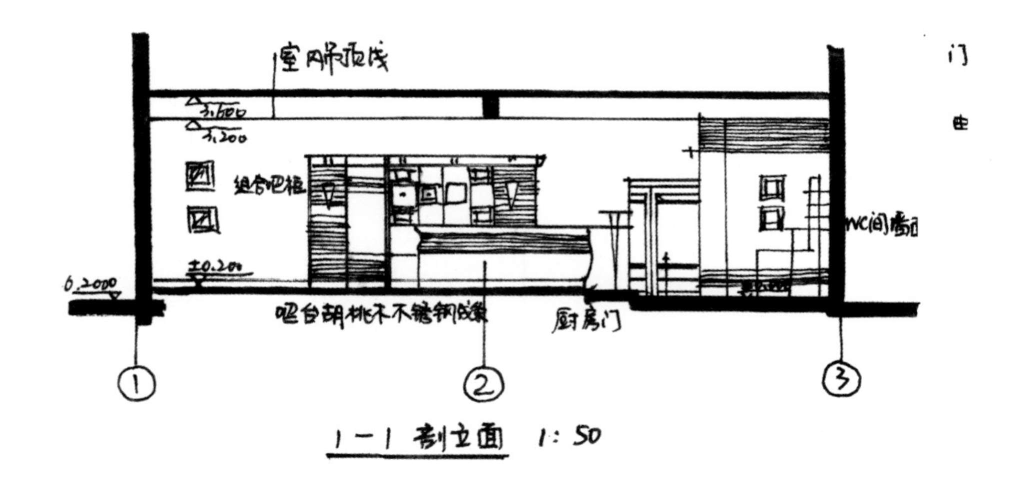

1—1 剖立面 1:50

立面图的图示内容：

（1）室内立面轮廓线，顶棚有吊顶时可画出吊顶、灯槽等剖切轮廓线（粗实线表示），墙面与吊顶的收口形式，可见的灯具投影图形等。

（2）墙面装饰造型及陈设（如壁挂、工艺品），门窗造型、墙面灯具等装饰内容。

（3）装饰选材、立面的尺寸标高及做法说明。一般应标注主要装饰造型的定型、定位尺寸。做法标注采用细实线引出。

（4）附墙的固定家具及造型。

（5）索引符号、说明文字、图名及比例等。剖面图在室内空间快题考试中涉及很少，这里不作具体说明。

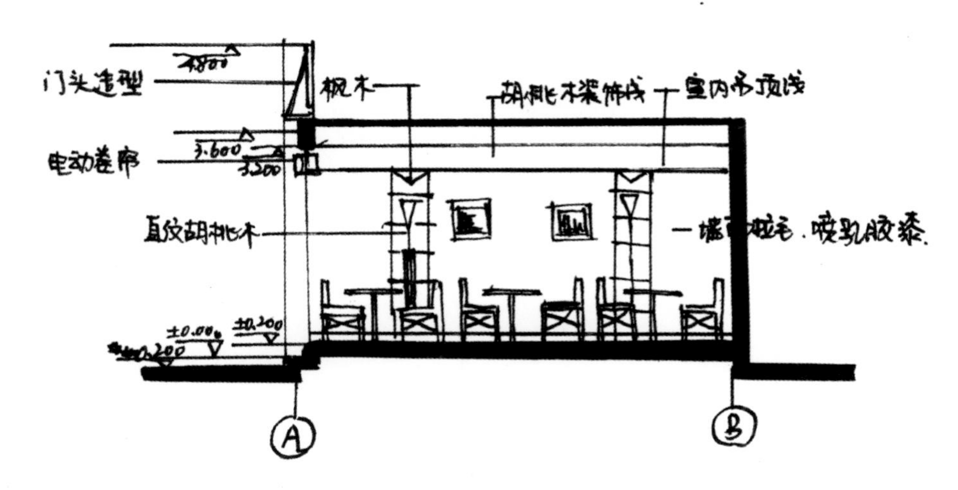

II—II 剖立面 1:50

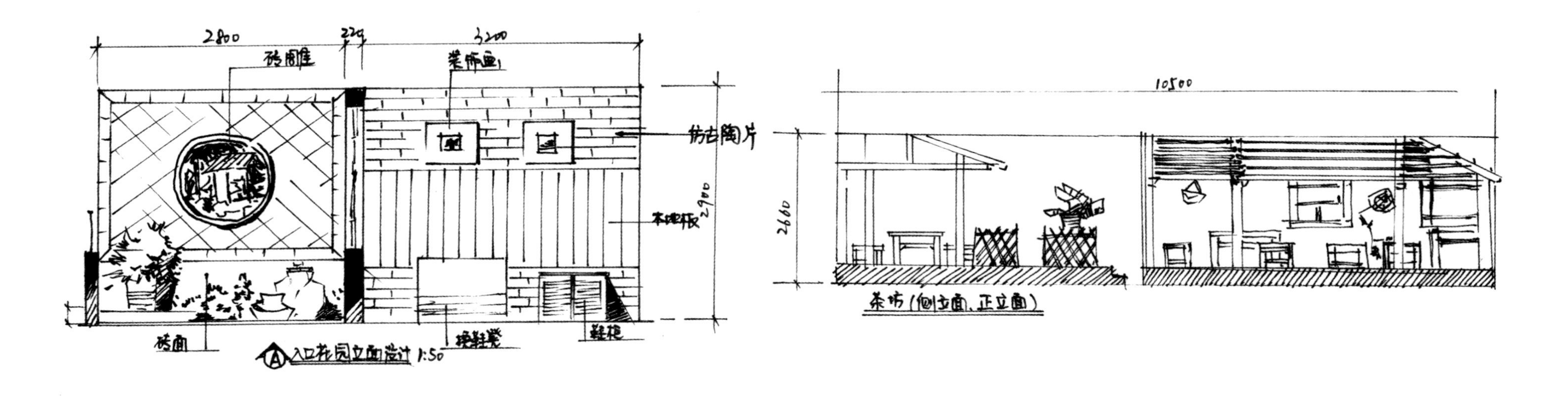
2800
3200
砖雕
装饰画
仿古陶片
木地板
2900
砖面
换鞋凳
鞋柜
入口花园立面设计 1:50
10500
2660
茶坊（侧立面、正立面）

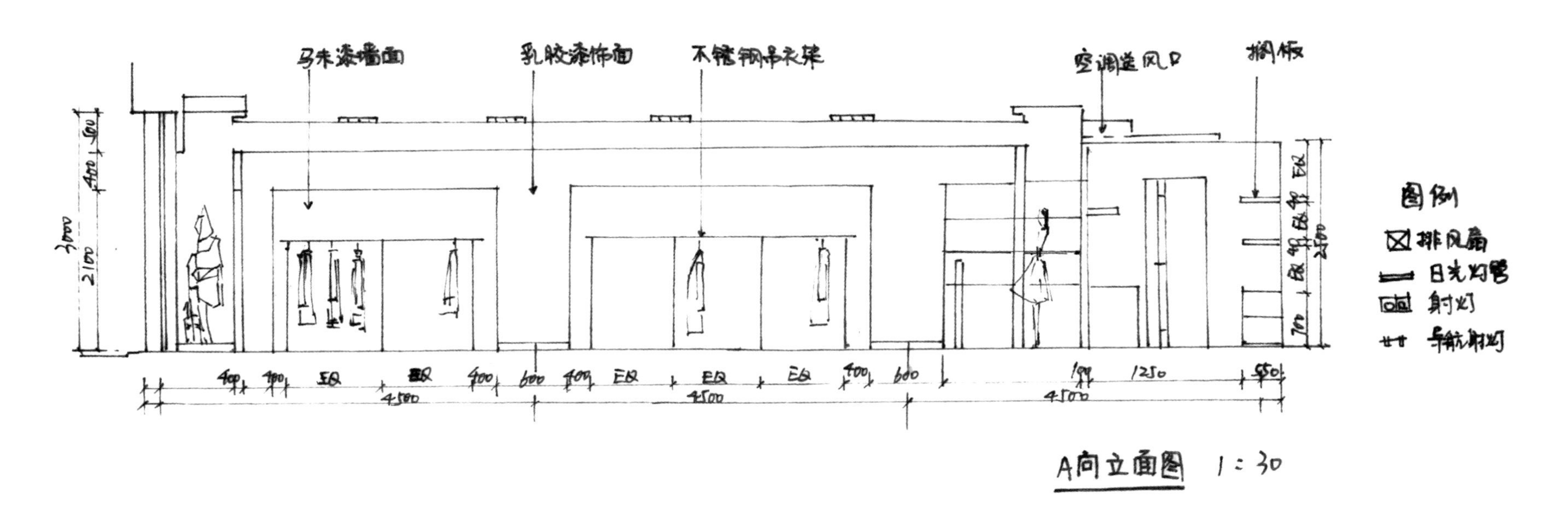
马来漆墙面
乳胶漆饰面
不锈钢吊衣架
空调送风口
搁板
图例
排风扇
日光灯管
射灯
导轨射灯
4500
4500
4500
1250
A向立面图 1:30

第六节 功能分区与空间流线分析图

6.1 功能分区图

1、普通办公室功能分析

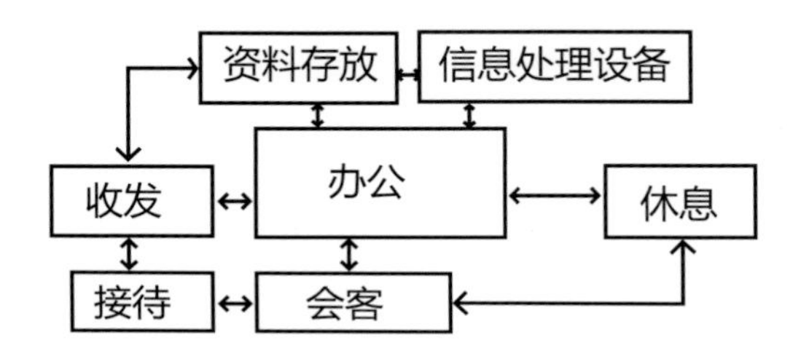

2、卫生间功能分析

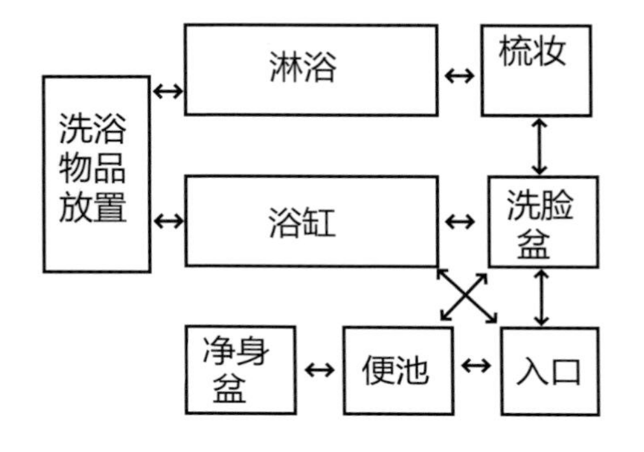

3、功能分析

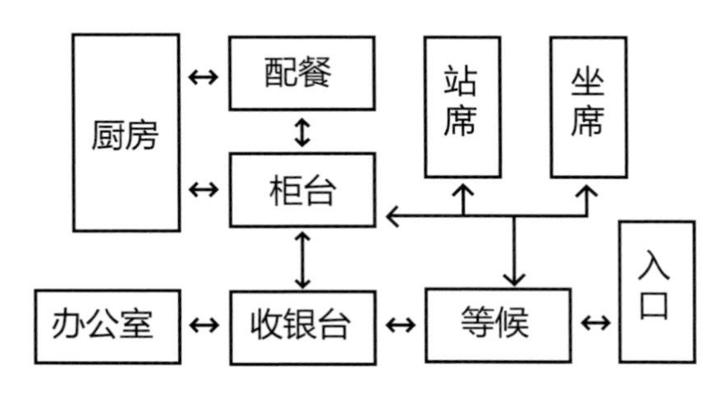

4、功能分析

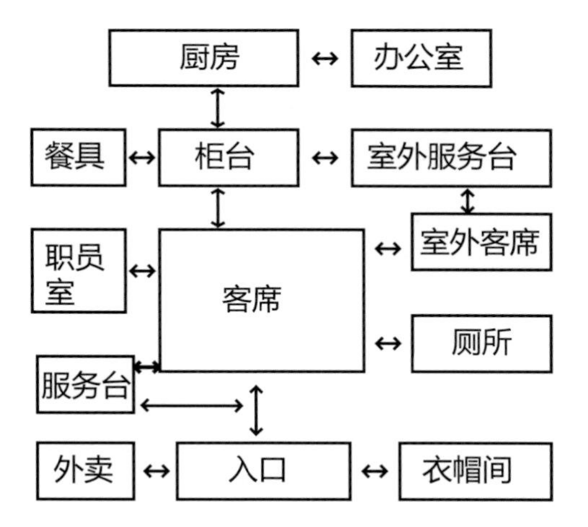

5、功能分析

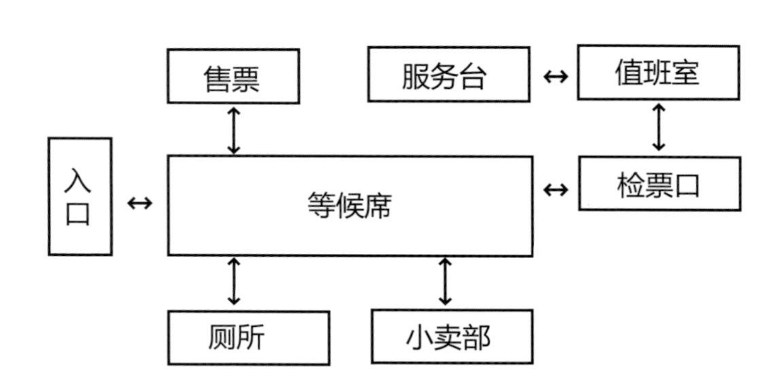

6.2 流线分析图

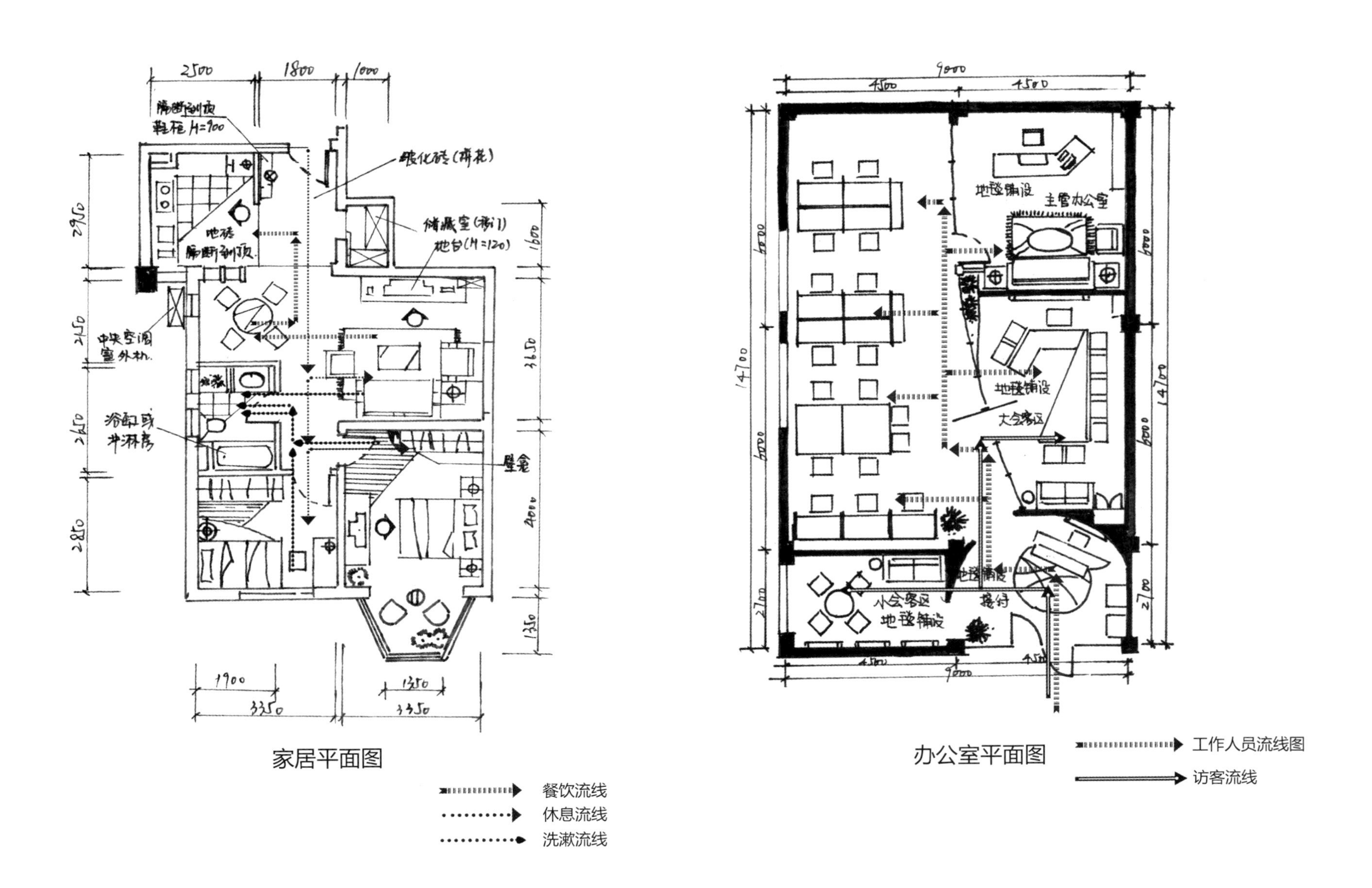

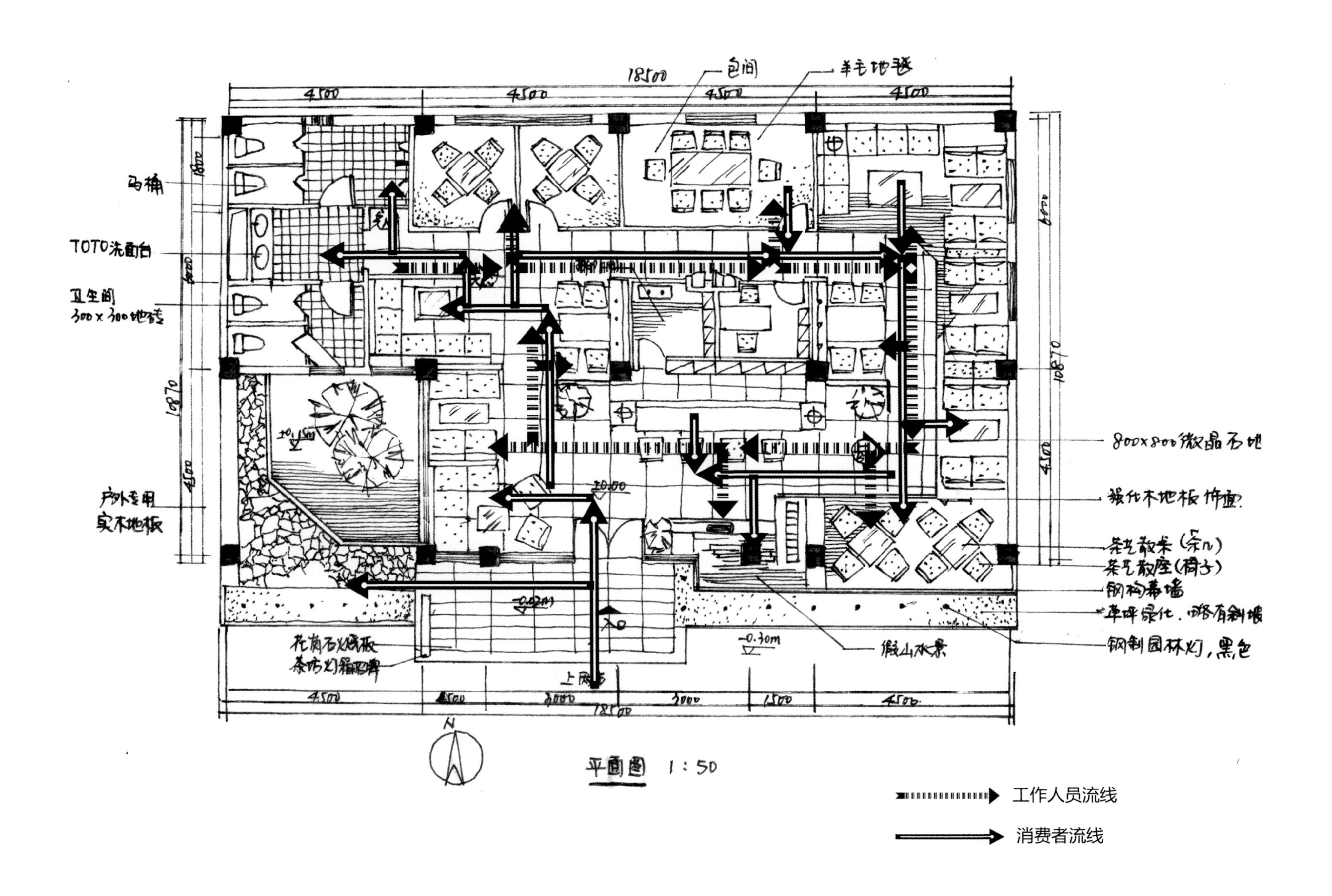
18500
4500
包间
羊毛地毯
马桶
TOTO洗面台
卫生间
300×300地砖
户外专用
实木地板
800×800微晶石地
强化木地板饰面
茶艺散桌（条几）
茶艺散座（椅子）
钢构幕墙
草坪绿化，略有斜坡
钢制园林灯，黑色
假山水景
花岗石烧板
茶坊灯箱招牌
入口
上网为
±0.00
-0.30m
平面图 1：50
工作人员流线
消费者流线

第四章 环艺快题元素练习及空间基本类型

第一节 空间快题元素练习

第二节 空间基本类型

第一节　空间快题元素练习

1.1 家具元素

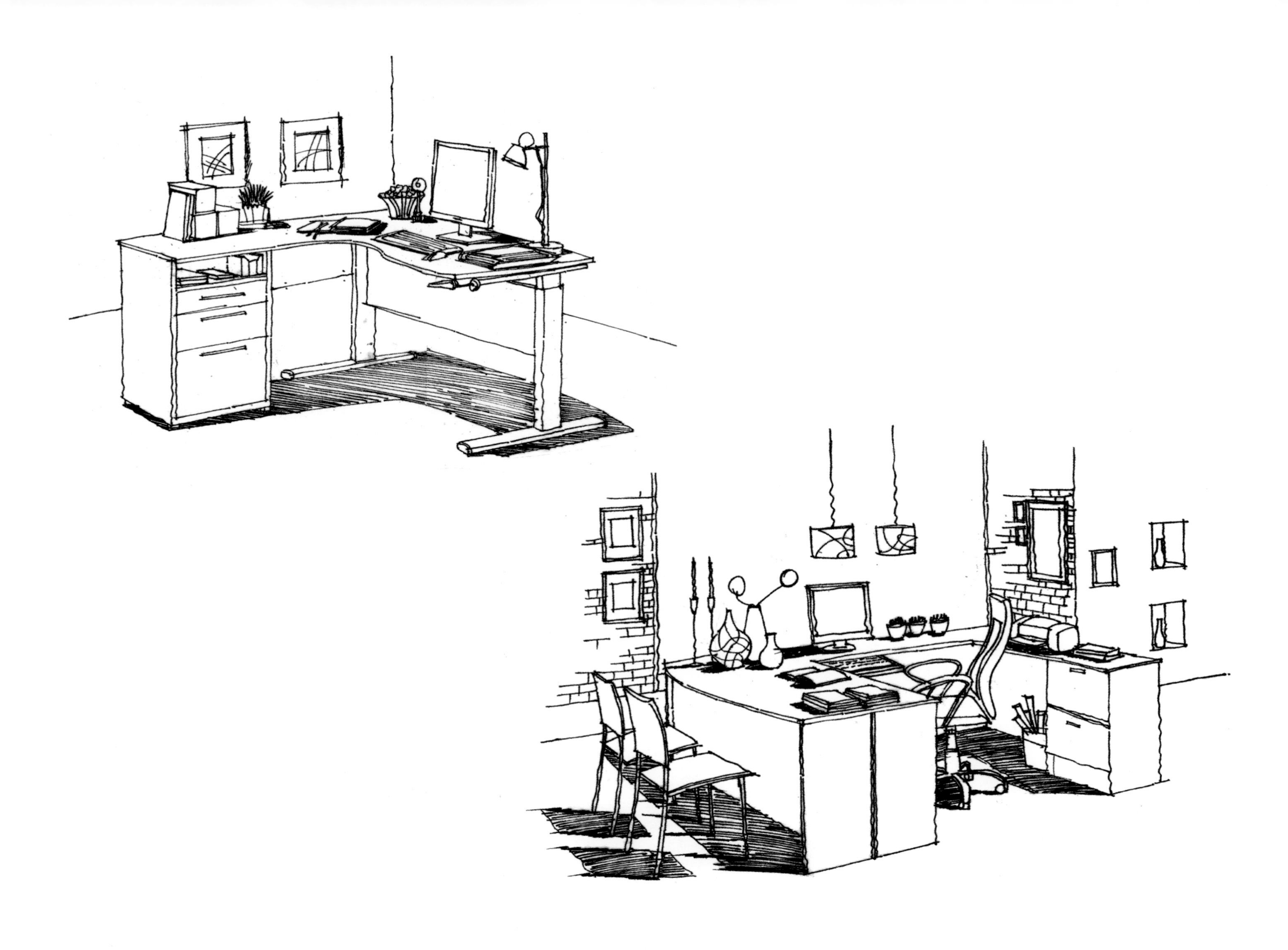

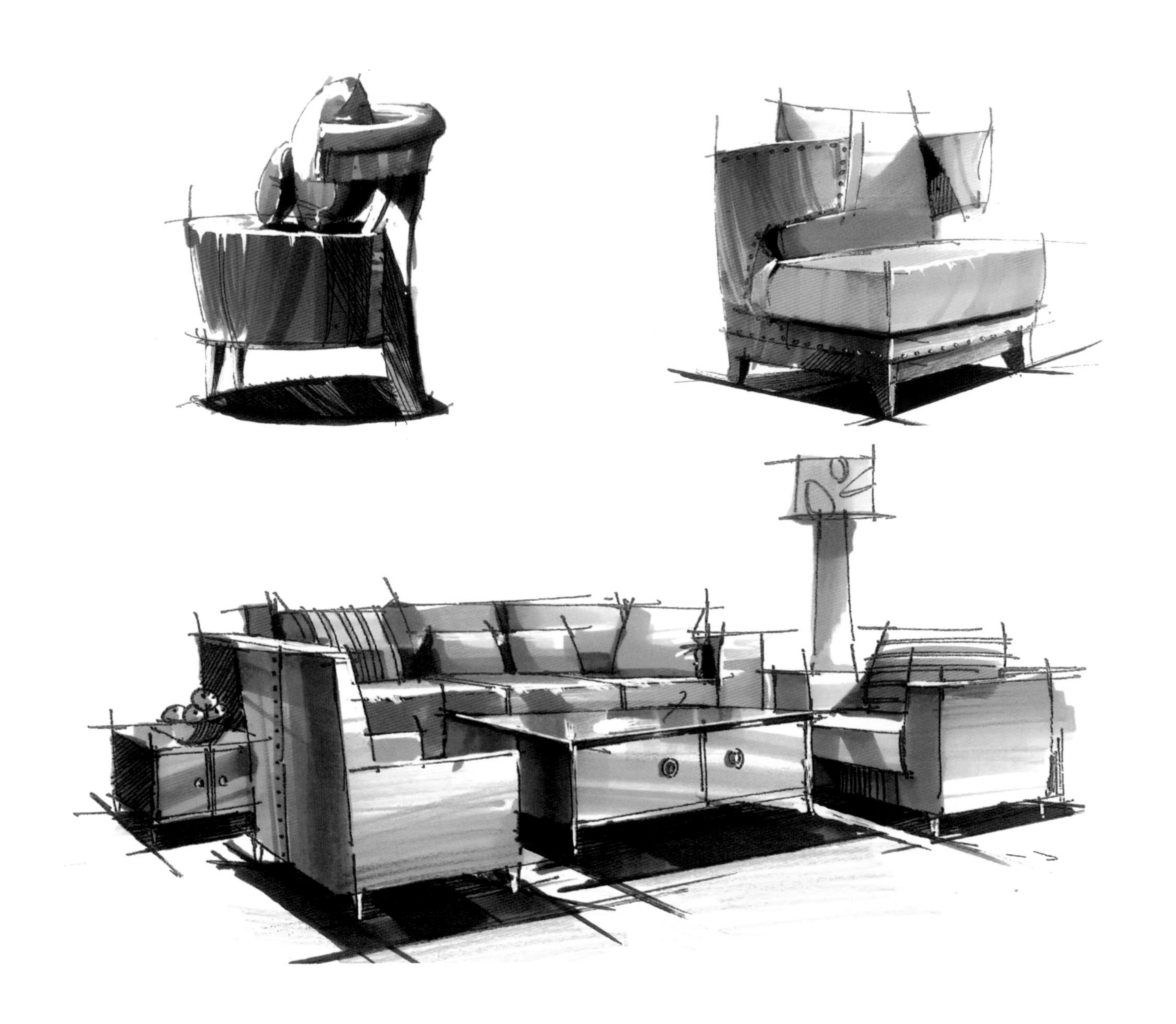

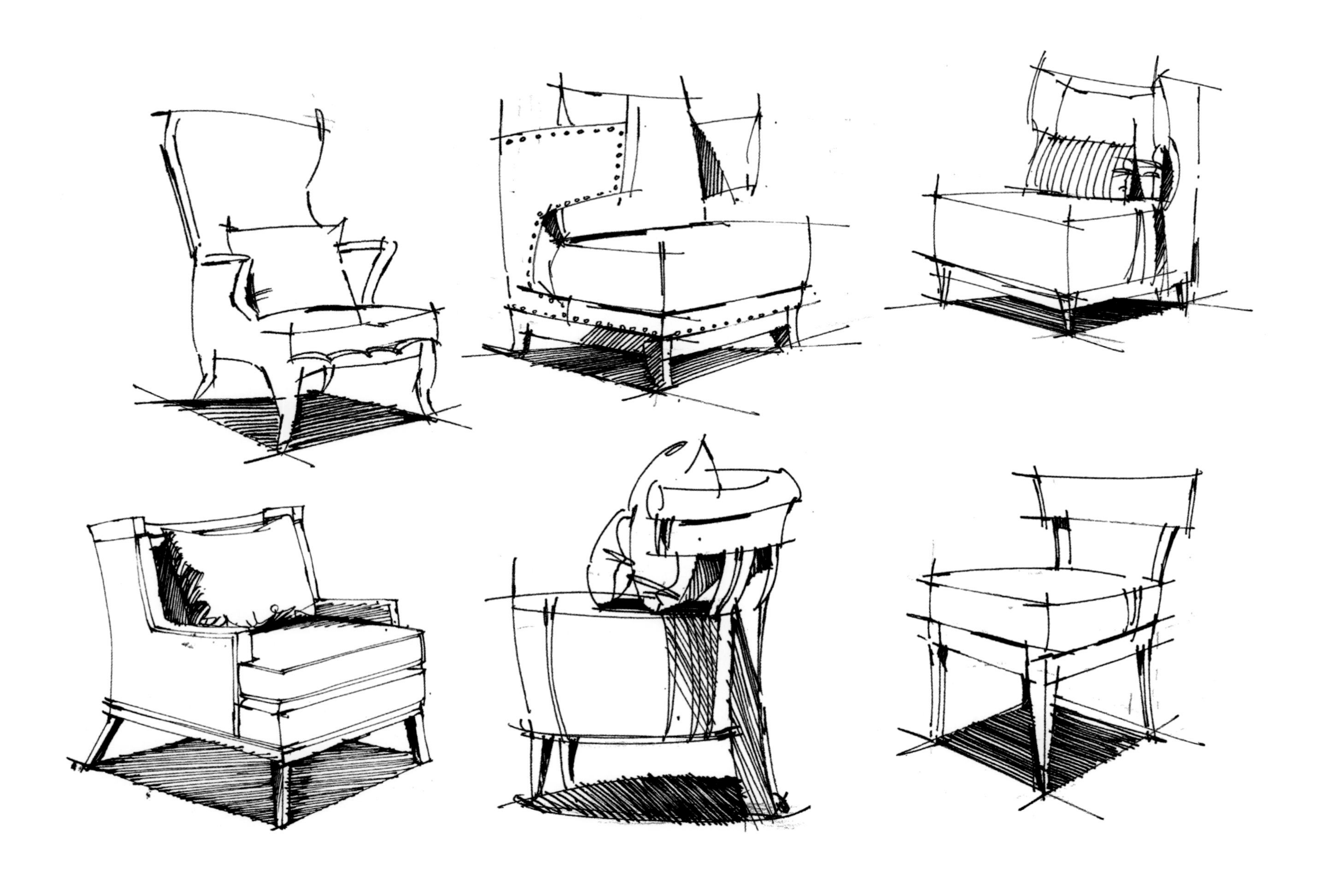

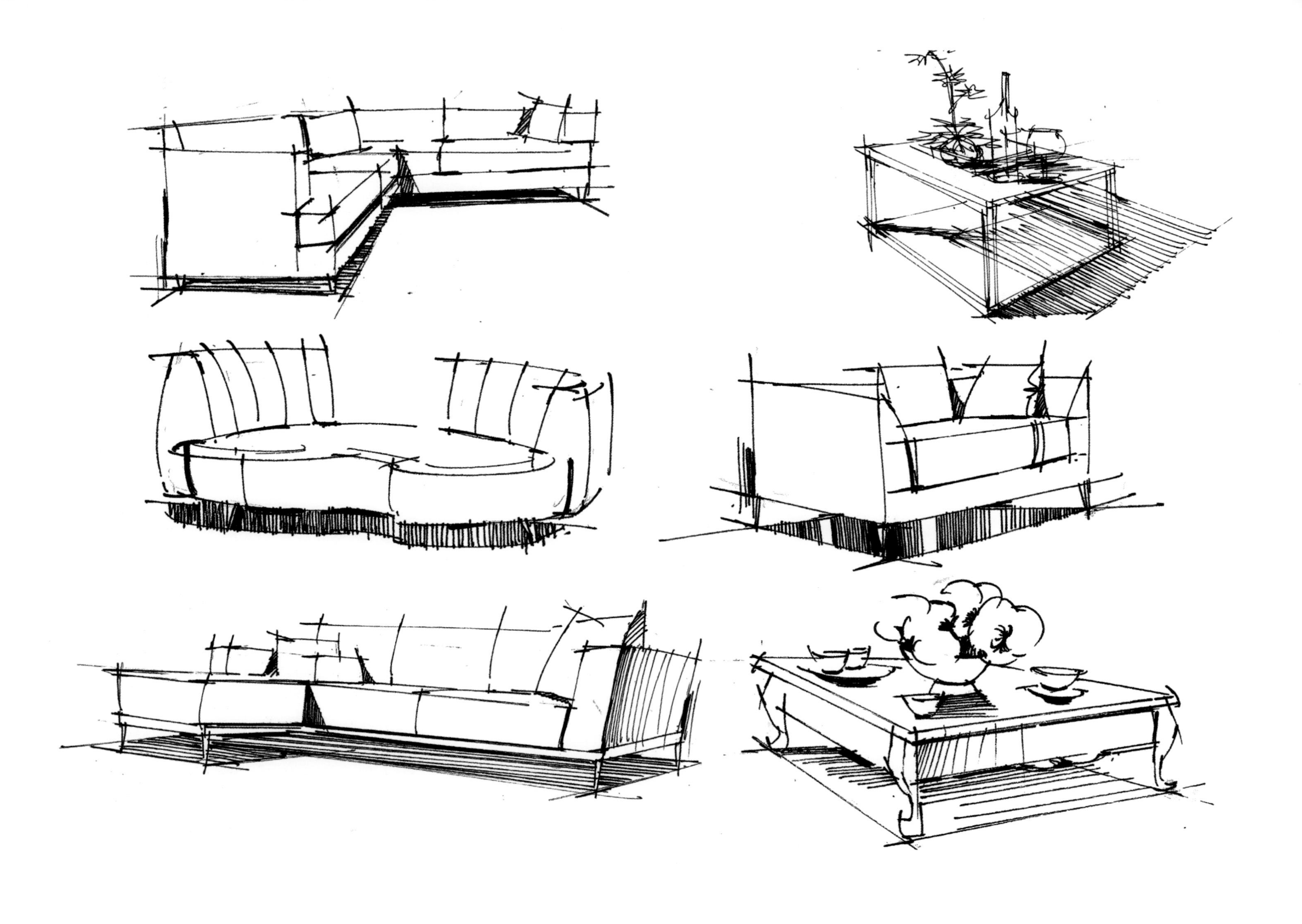

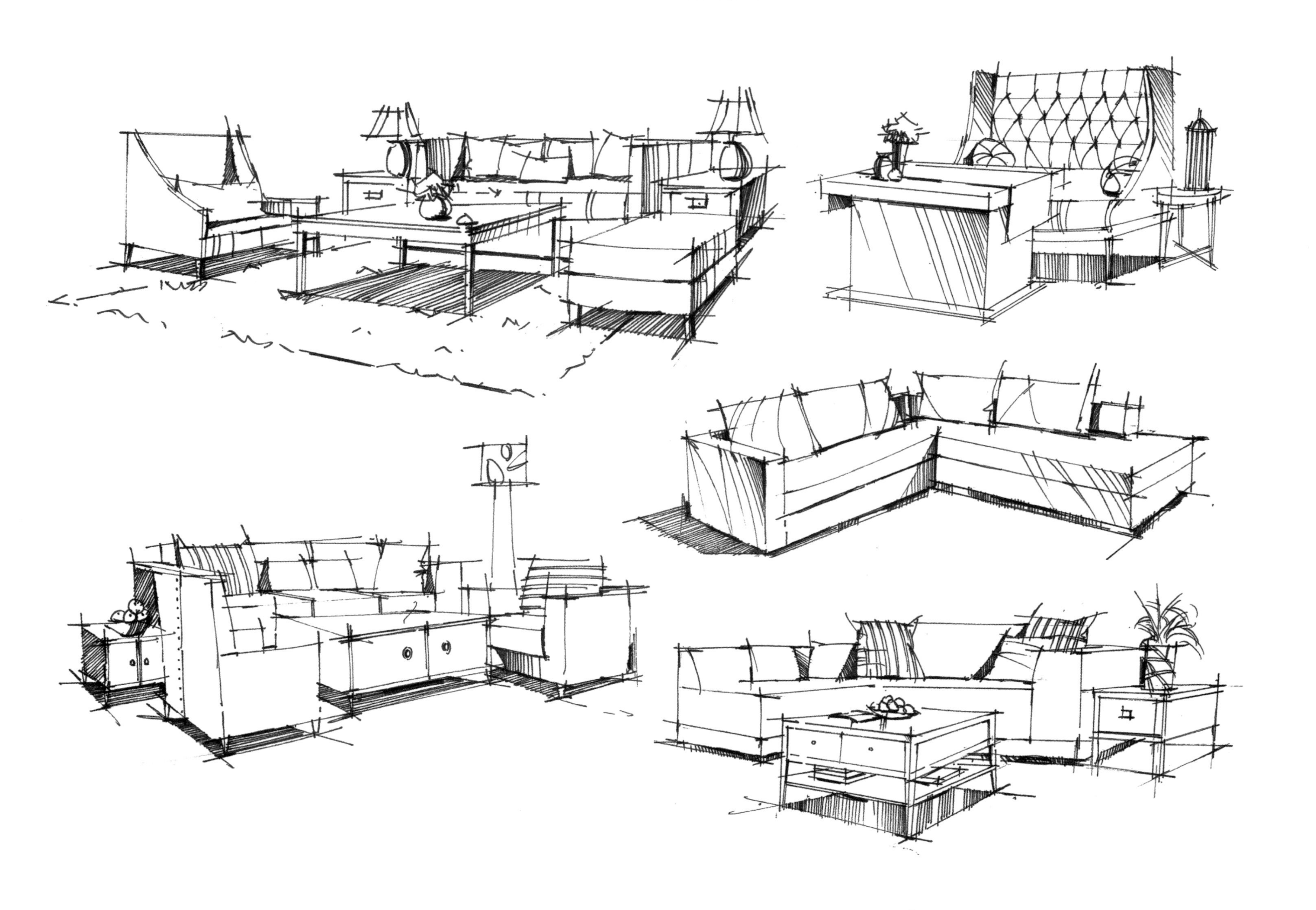

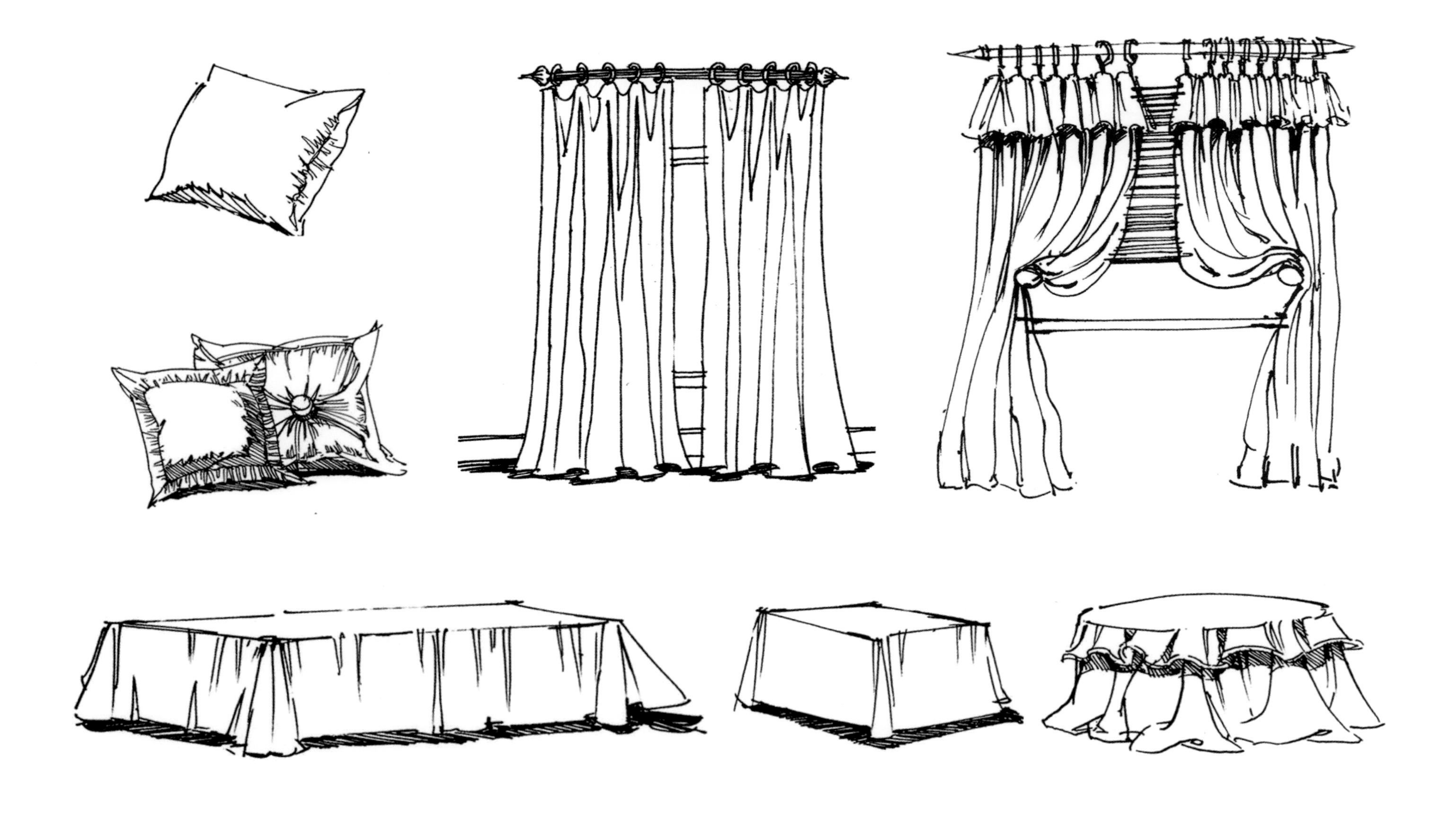

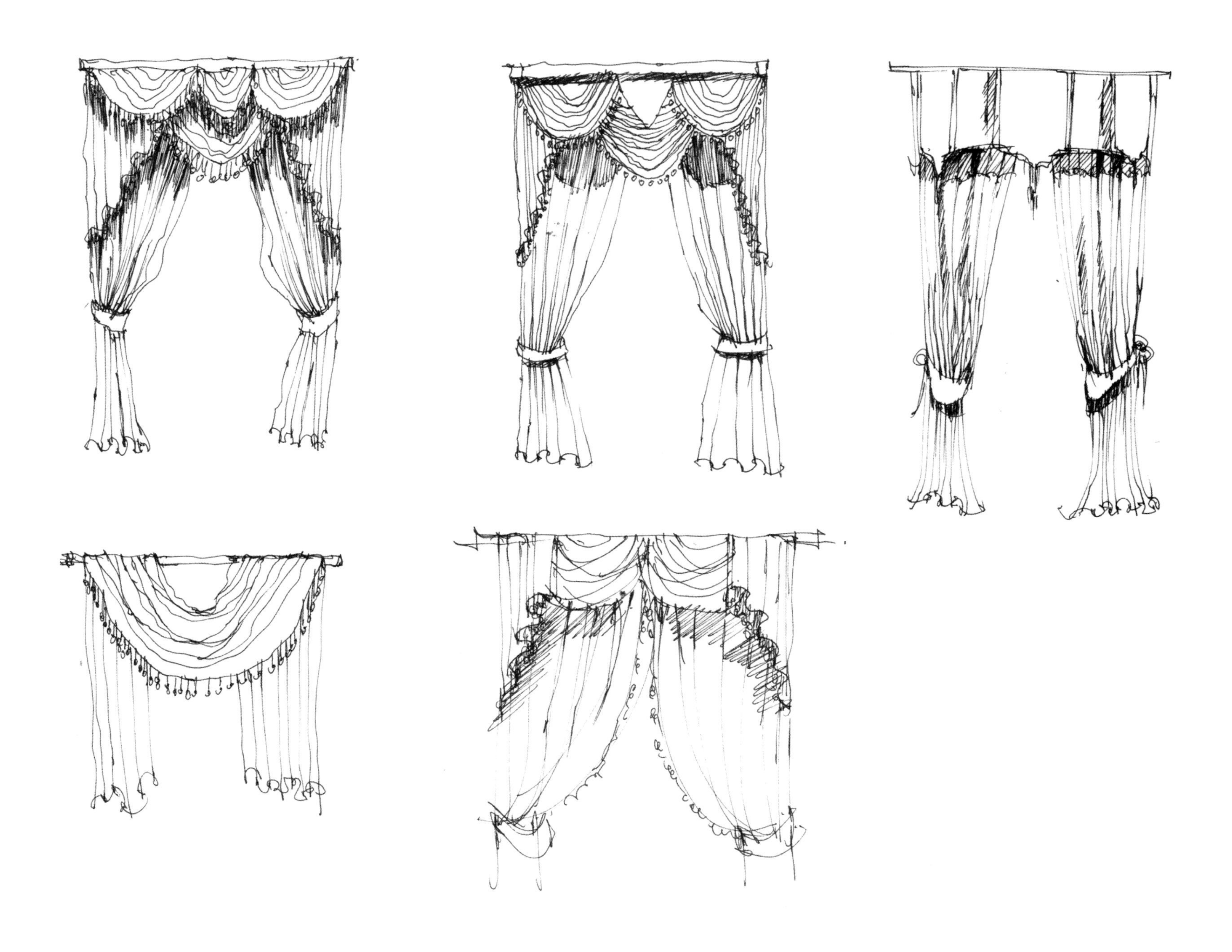

1.3 灯具元素

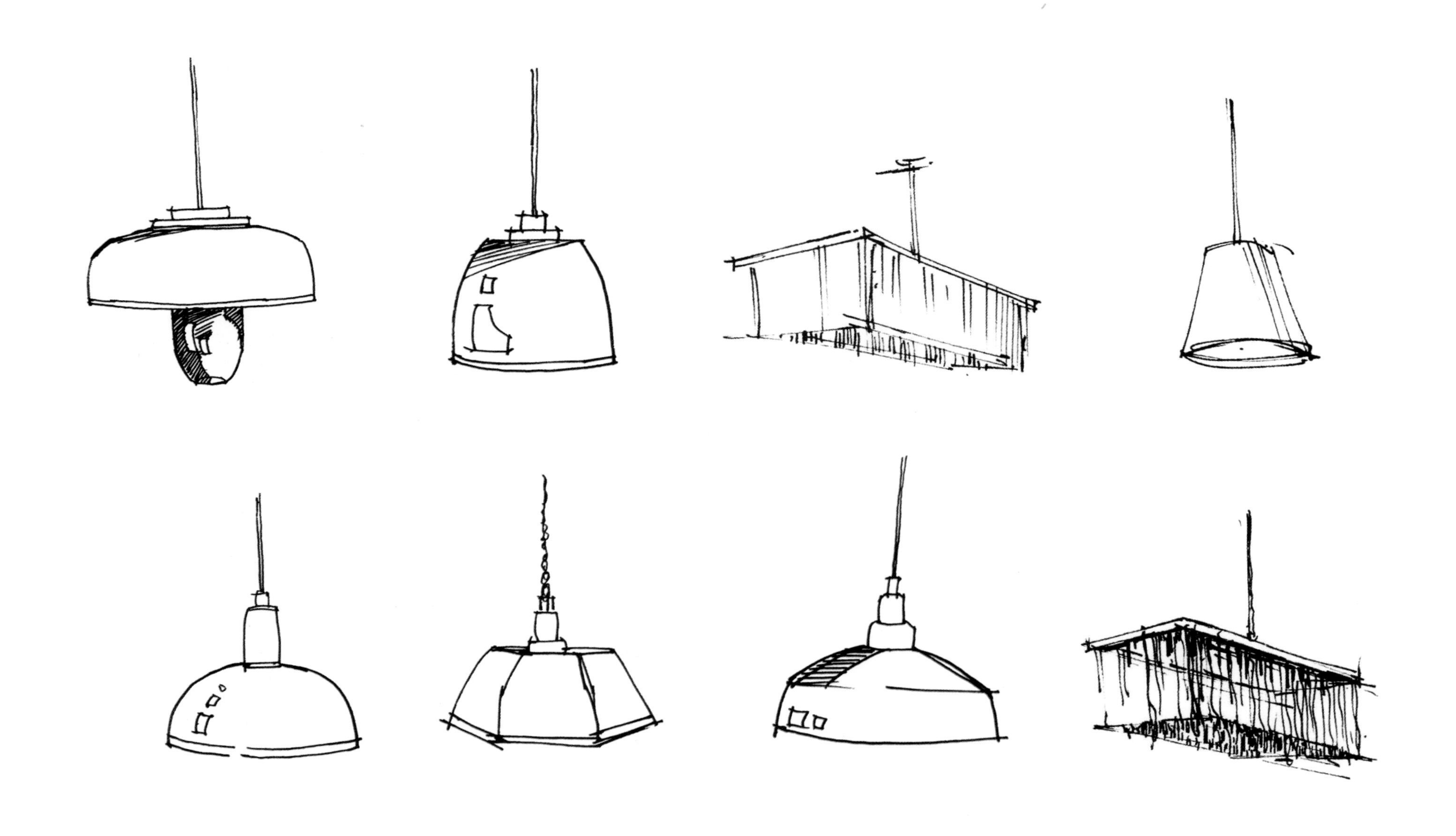

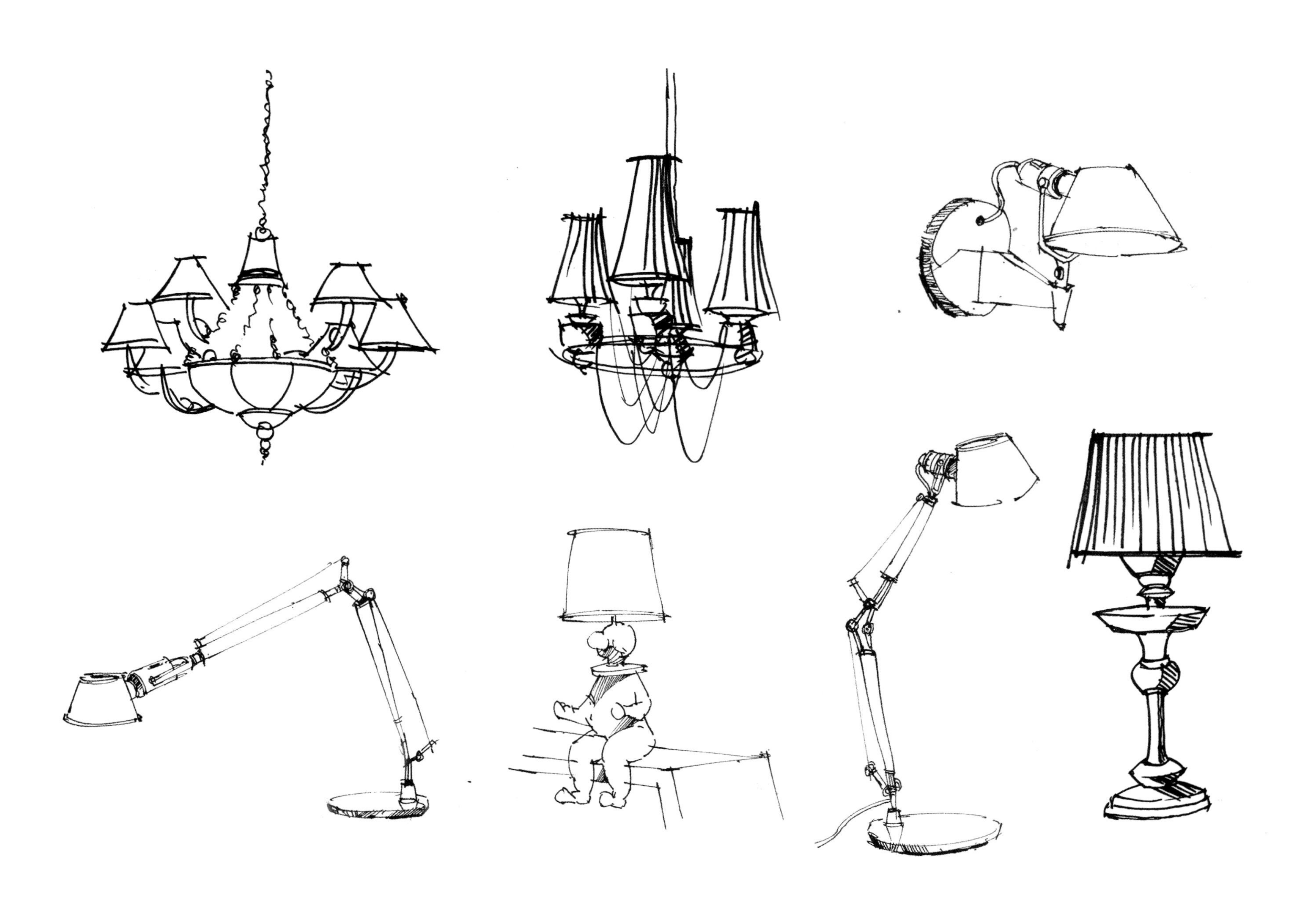

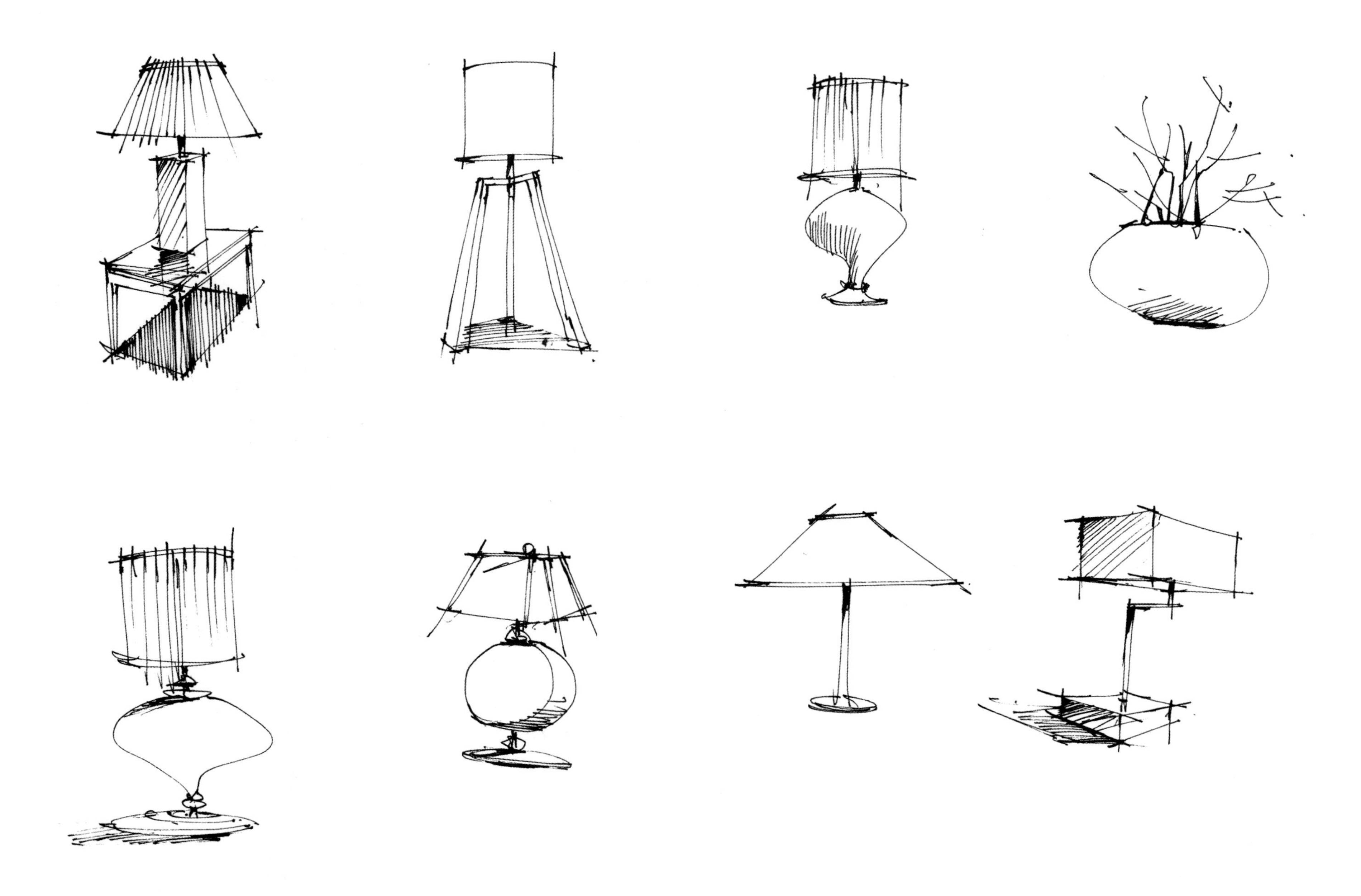

1.4 花艺元素

第二节 空间基本类型

2.1 居住空间

居住空间系指卧室、起居室（厅）等空间。对于居住者而言，居住空间不仅是一种功能，更是集装饰与实用于一体。居住空间，就是个性的诠释。

在快题设计居住空间时，要解决使人居住使用起来方便、舒适的问题。要满足两大原则。

一、适用性原则：适用性是指居室能最大限度地满足使用功能。居室的使用功能很多，主要来说有两大项：一是为居住者的活动提供空间环境；二是满足物品的贮存。

二、美观化原则：美观化是指居室的装饰要具有艺术性，特别是要注意体现个性的独特审美情趣，不要简单地模仿和攀比，要根据自家居室的大小、空间、环境、功能，以及家庭成员的性格、修养等诸多因素来考虑，只有这样才能显现出个性的美感。

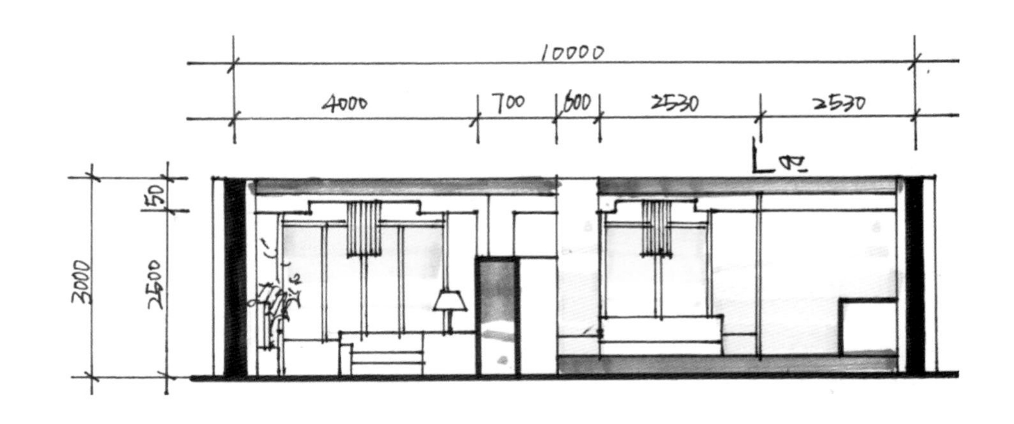

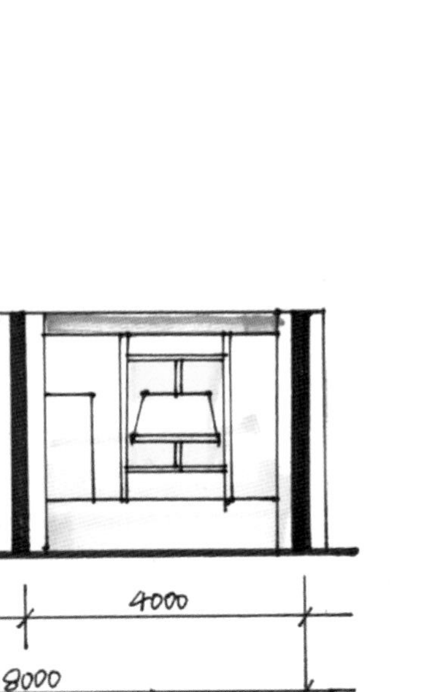

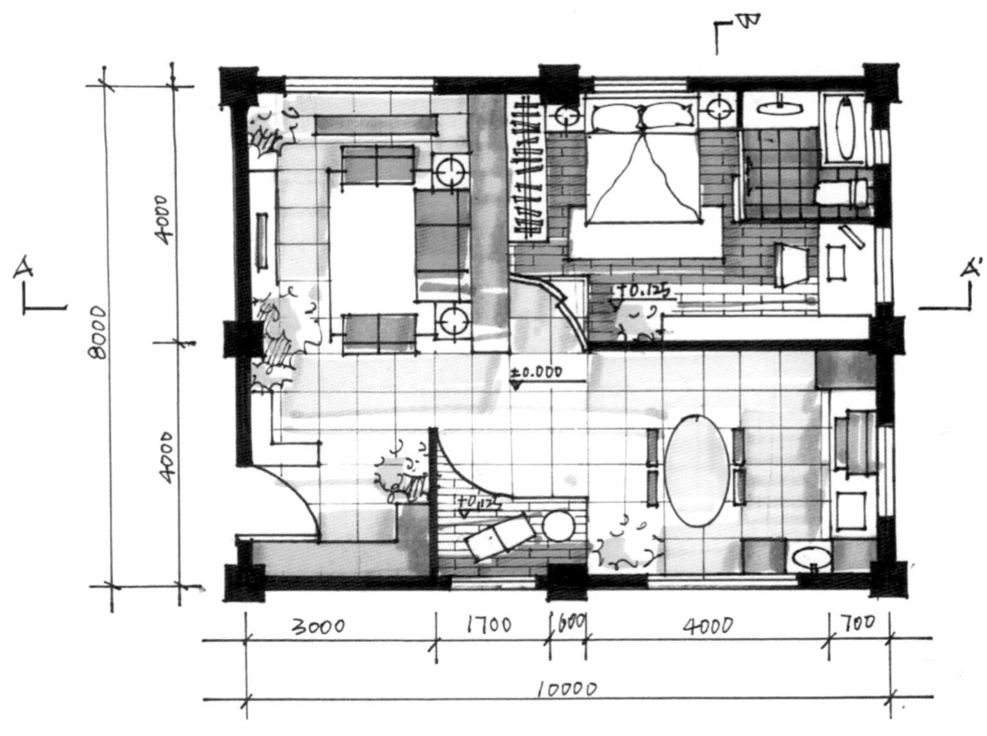

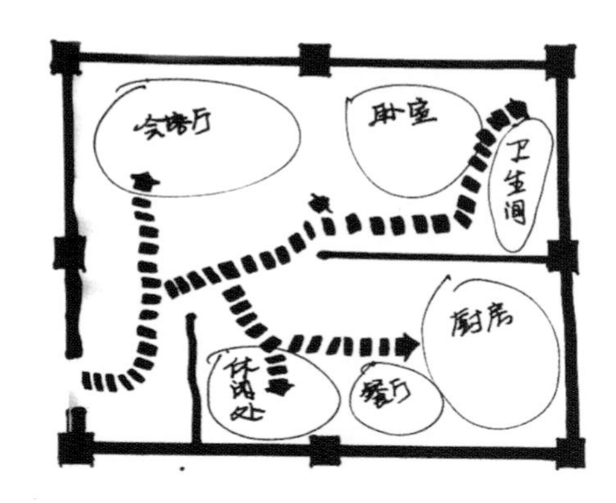

设计说明：

本设计是一所单身公寓的室内设计。此次设计的理念为"以人为本，回归自然"。通过大量树木绿植，木材相互结合，给人营造一种十分舒适、放松的环境，使使用者在使用的过程中，十分的放松、愉悦。室内设计整体色调温和，也非常整体、和谐，给人一种温暖的归属感。同时，利用大量植物，仿佛回归自然。

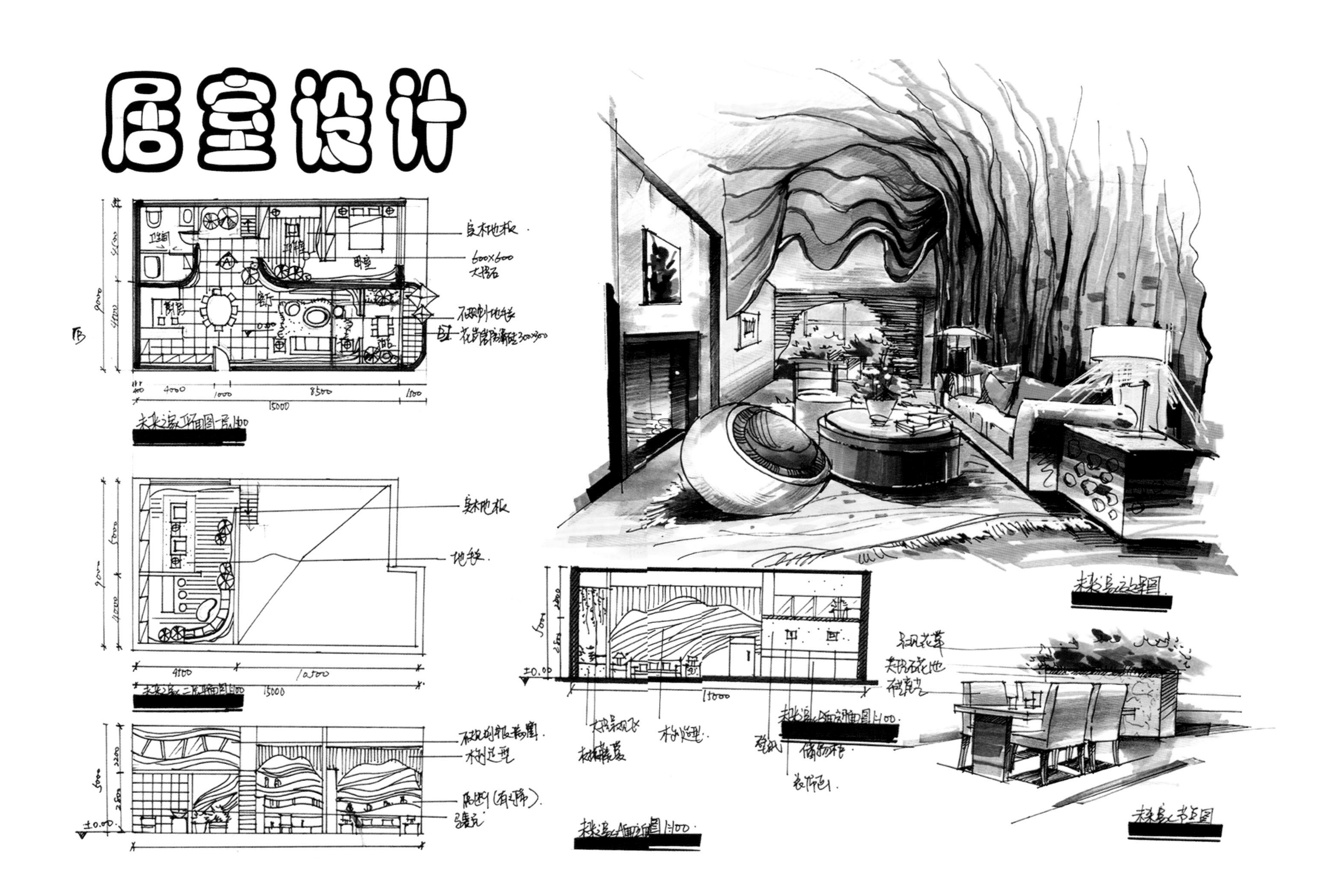
居室设计
实木地板
600×600
大理石
实木地板
地毯

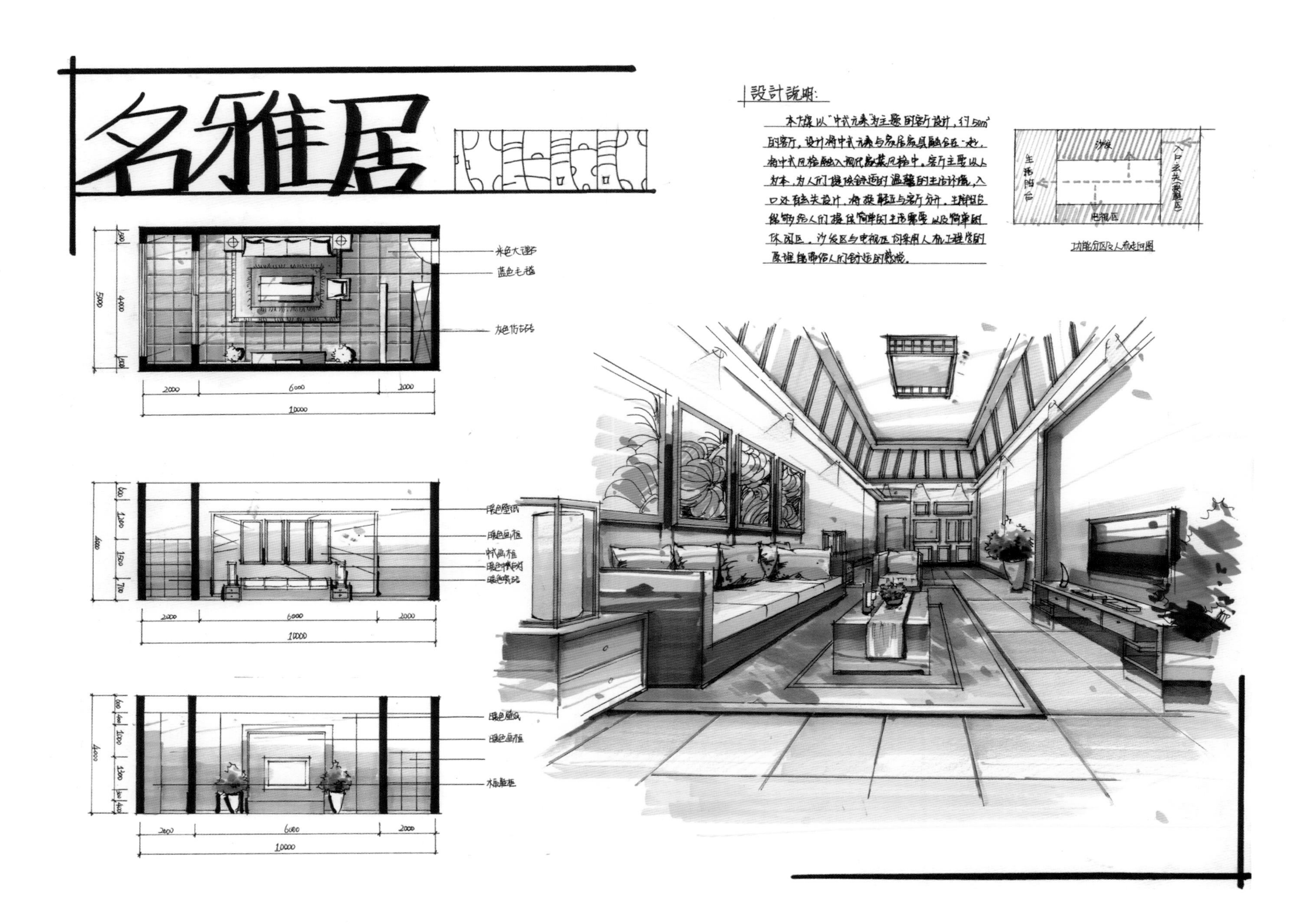
名雅居
設計說明:
本方案以"中式元素"为主题的客厅设计，约50m²的客厅，设计将中式元素与家居家具融合在一起，将中式风格融入现代家装风格中。客厅主要以人为本，为人们提供舒适的温馨的生活环境，入口处有玄关设计，将换鞋区与客厅分开，生活阳台能够给人们提供简单的生活需要以及简单的休闲区。沙发区与电视区间采用人机工程学的原理能带给人们舒适的感觉。
沙发
生活阳台
入口玄关(换鞋区)
电视区
功能分区及人流走向图
米色大理石
蓝色毛毯
灰色仿古砖
2000
6000
10000

2500
1000
1800
1000
1500
7800
600
1800
600
3000
平面图 1:60
800
2200
3000
2500
3800
1500
7800
立面图 1:60
800
2200
3000
1000
2000
3000
立面图 1:60
效果图 ⇒

2.2 办公空间

办公空间室内设计的最大目标就是要为工作人员创造一个舒适、方便、卫生、安全、高效的工作环境，以便最大限度地提高员工的工作效率。这一目标在当前商业竞争日益激烈的情况下显得更加重要，它是办公空间设计的基础，是办公空间设计的首要目标。

办公空间的最大特点是公共化，这个空间要照顾到多个员工的审美需要和功能要求。

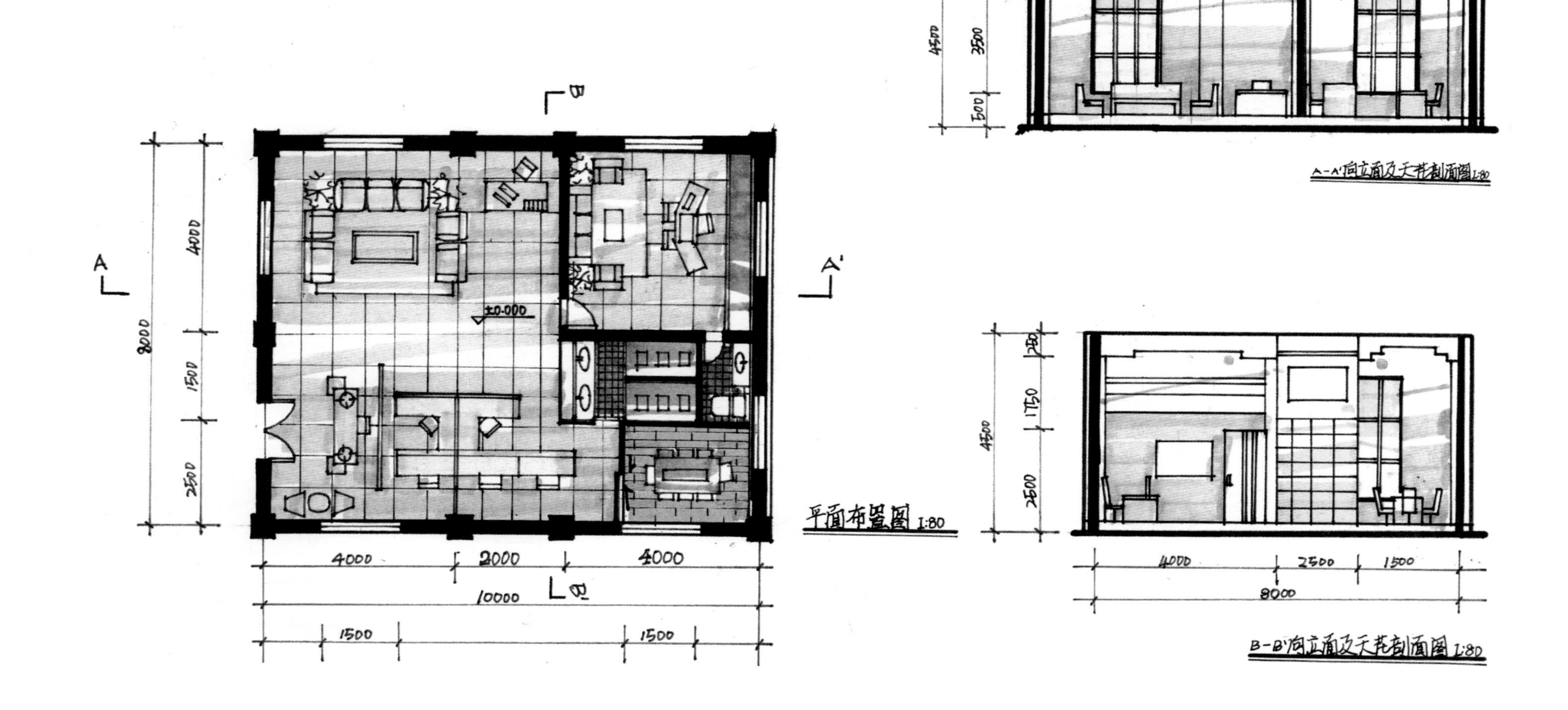

设计说明：

本次设计的主题是自然，舒适的办公环境。强调使用者在使用过程中的感受是舒适的。根据人体工程学中最适宜的尺度，将人的舒适度放到最大。统一的色调让人很舒服。可以平心静气地工作。各种材质的相互搭配，使得整个空间非常协调。

办公空间
平面布置图
设计说明：本方案为创意为主的办公空间，将空间打造成

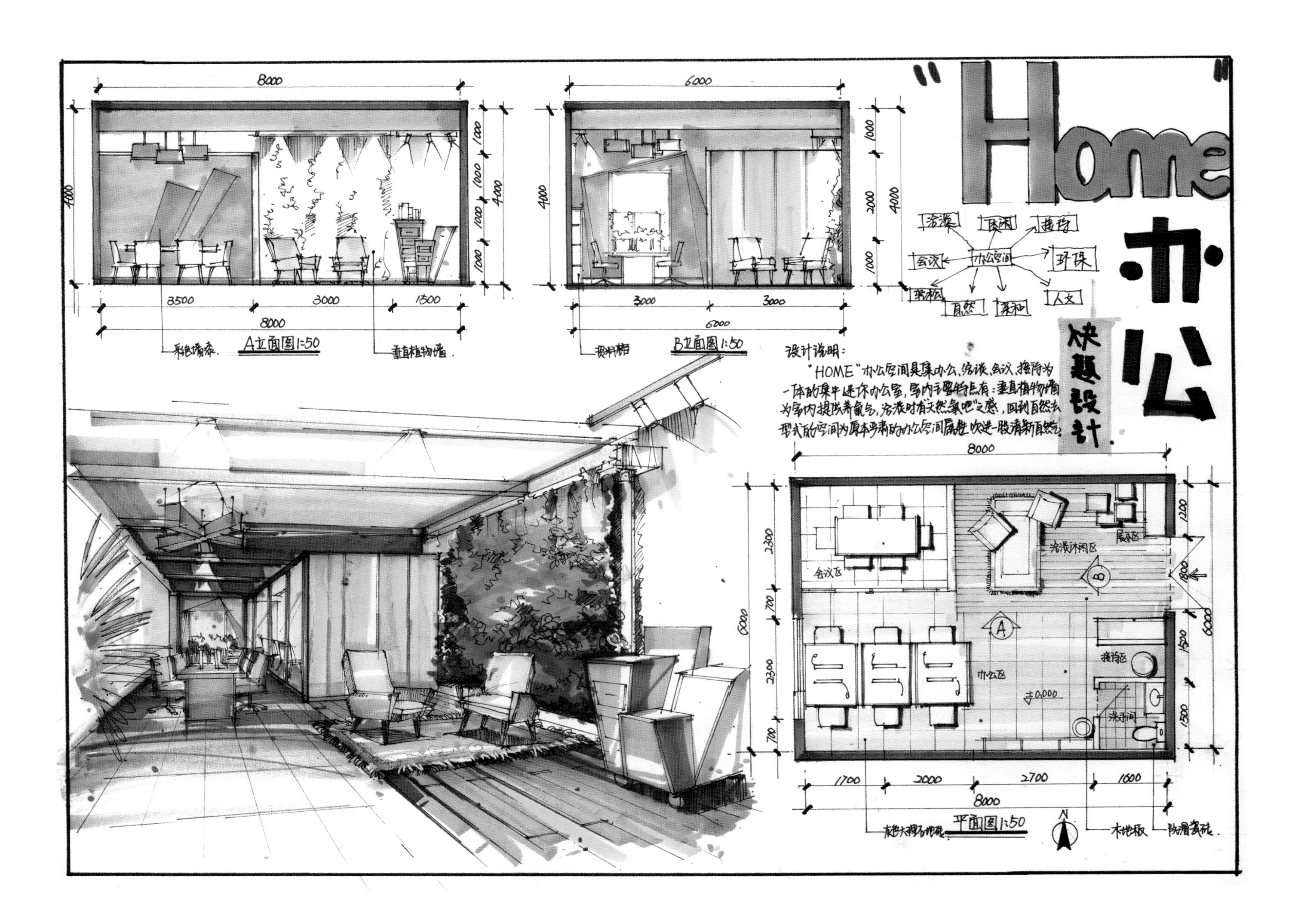
"Home"办公
快题设计
洽谈
休闲
接待
会议
办公空间
环保
轻松
自然
柔和
人文
彩色墙漆
A立面图1:50
垂直植物墙
B立面图1:50
设计说明：
"HOME"办公空间是集办公、洽谈、会议、接待为一体的集中迷你办公室，室内主要特点有：垂直植物墙为室内提供养氧气，洽谈时有"天然氧吧"之感，回到自然去型式的空间为原本严肃的办公空间吹进一股清新自然气。
会议区
洽谈休闲区
展区
办公区
接待区
洗手间
平面图1:50
木地板
防滑瓷砖

快题設計

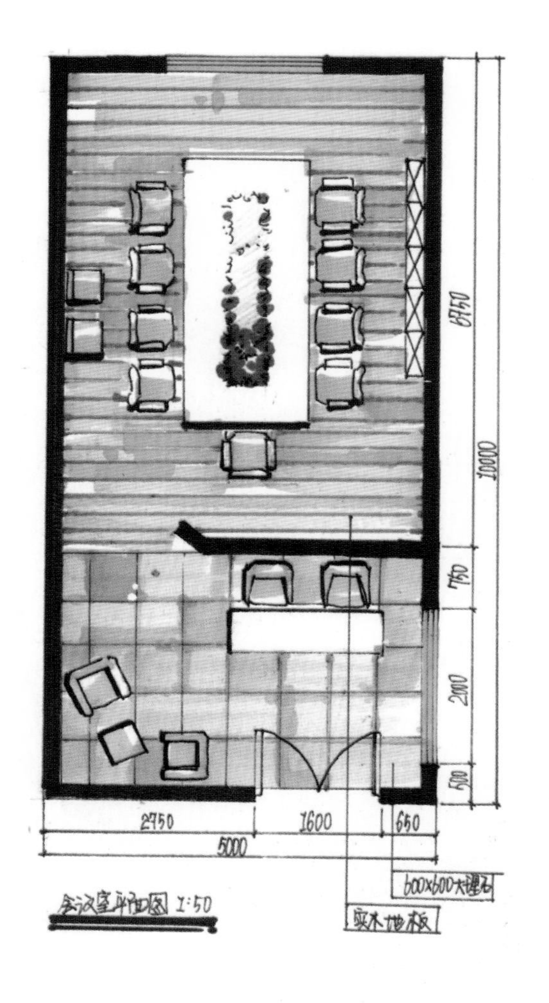
6750
10000
750
2000
500
2750
1600
650
5000
600x600大理石
实木地板
会议室平面图 1:50

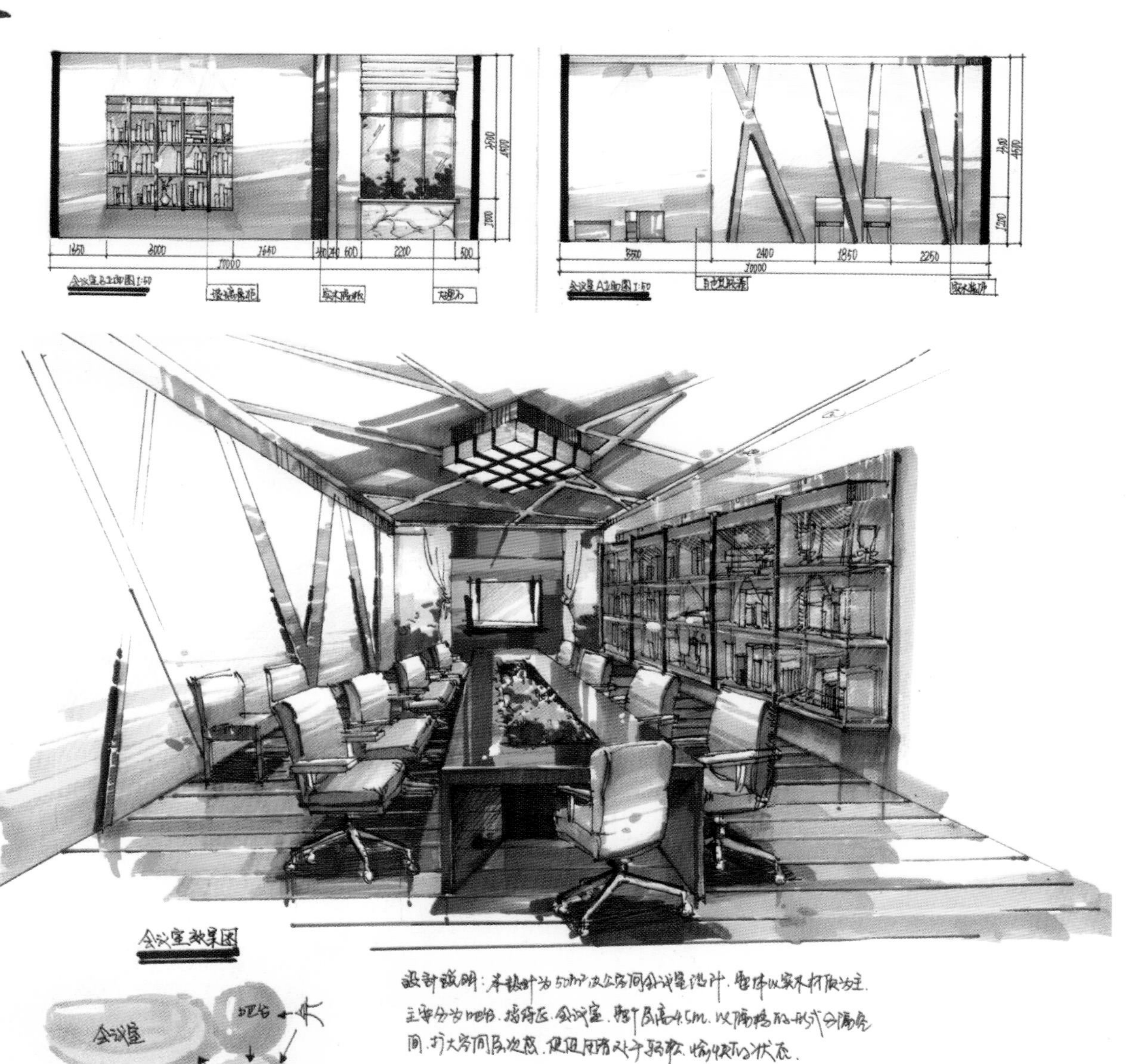
10000
2400
1850
2250
会议室效果图
会议室
吧台
接待台
设计说明：本设计为50m²办公空间会议室设计，整体以实木材质为主，主要分为吧台、接待区、会议室，整个层高4.5m，以隔断的形式分隔空间，扩大空间层次感，使人置身处于轻松、愉快的状态。

2.3 餐饮空间

餐厅的内部空间设计就是餐厅的灵魂。在遵循餐饮空间设计原则的基础上，餐饮空间要有一定的限定，围合空间的实体其形态可千变万化，式样繁多，餐饮空间的组合形式也有很多种。但实际上都可以归纳为两类，即水平实体（如地面、顶棚）及垂直实体。（如列柱、隔断、家具等）

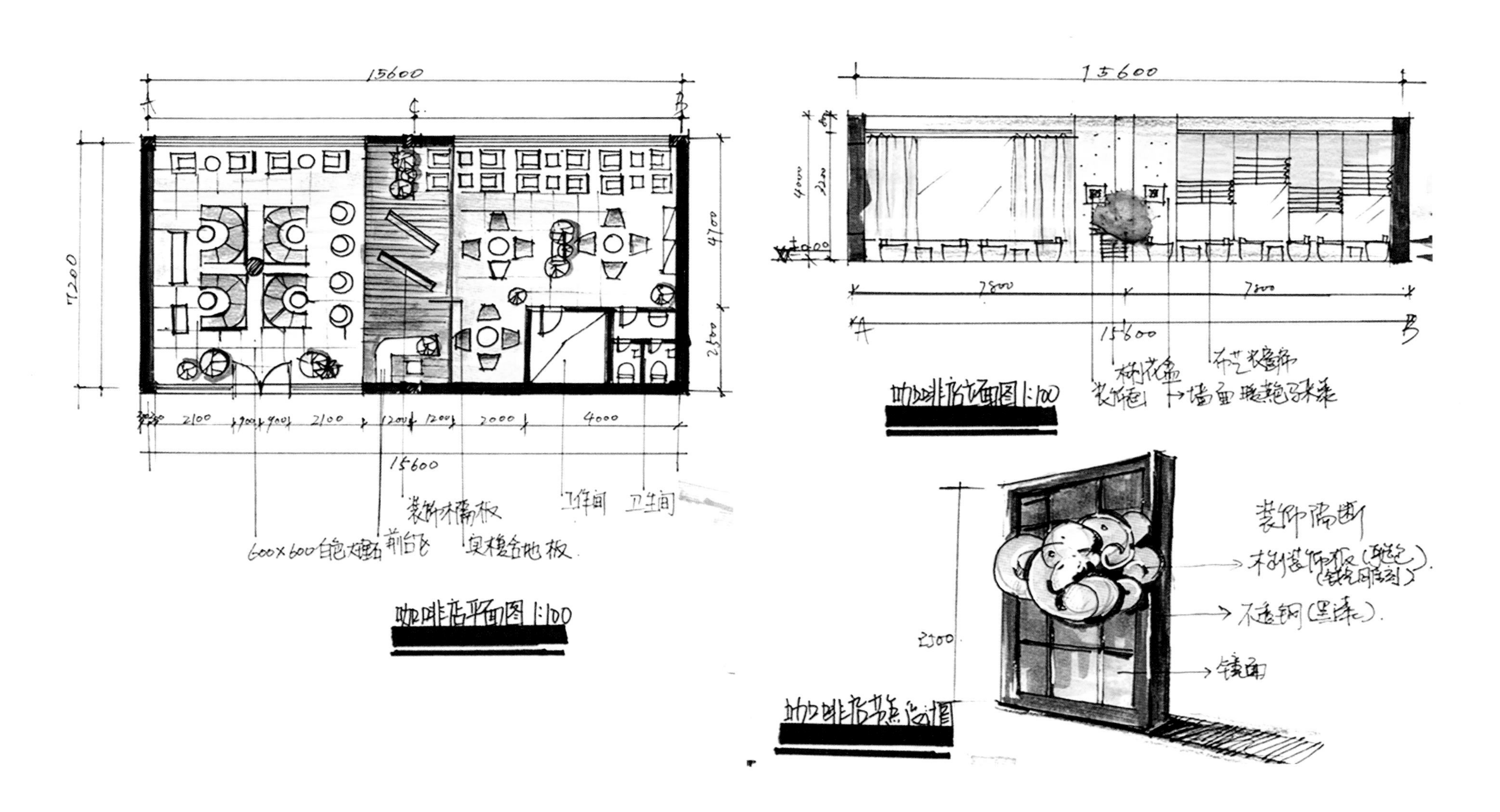

设计说明

此设计为 112m² 的咖啡馆快题设计。多种现代材料穿梭空间之中，更能增加空间的现代气息。采用弧形沙发和镜面装饰使得空间和谐，又给人舒适、时尚之感。用隔断将空间分隔，层次感更加清晰明朗。

2.4 展览展示空间

合理的安排空间是展示设计中最重要的部分，正确认识空间与展示设计的关系是做设计的前提和基础，较好的运用“空间”语言则可以赋予一个设计以实质的意义和生命力。

展示设计是培养具有造型、空间、色彩、多媒体、声光电等元素综合运用能力的人才。主要是设计师以展示形象的方式传达信息。展示设计是艺术设计领域中具有复合性质的设计形式之一。

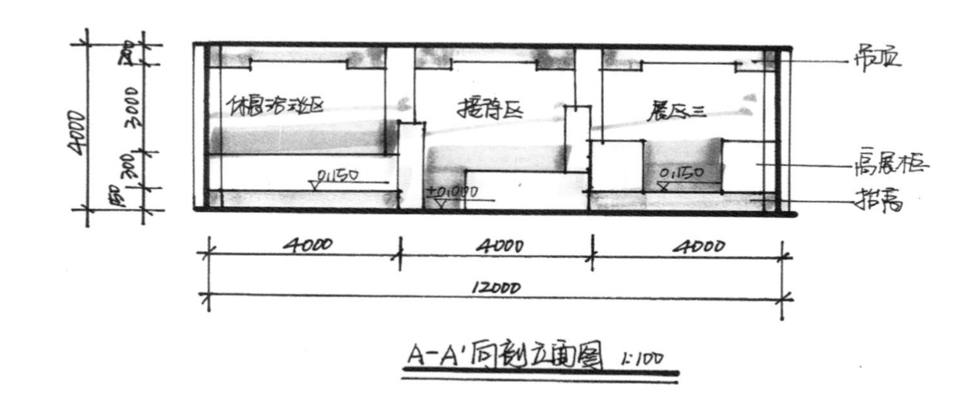

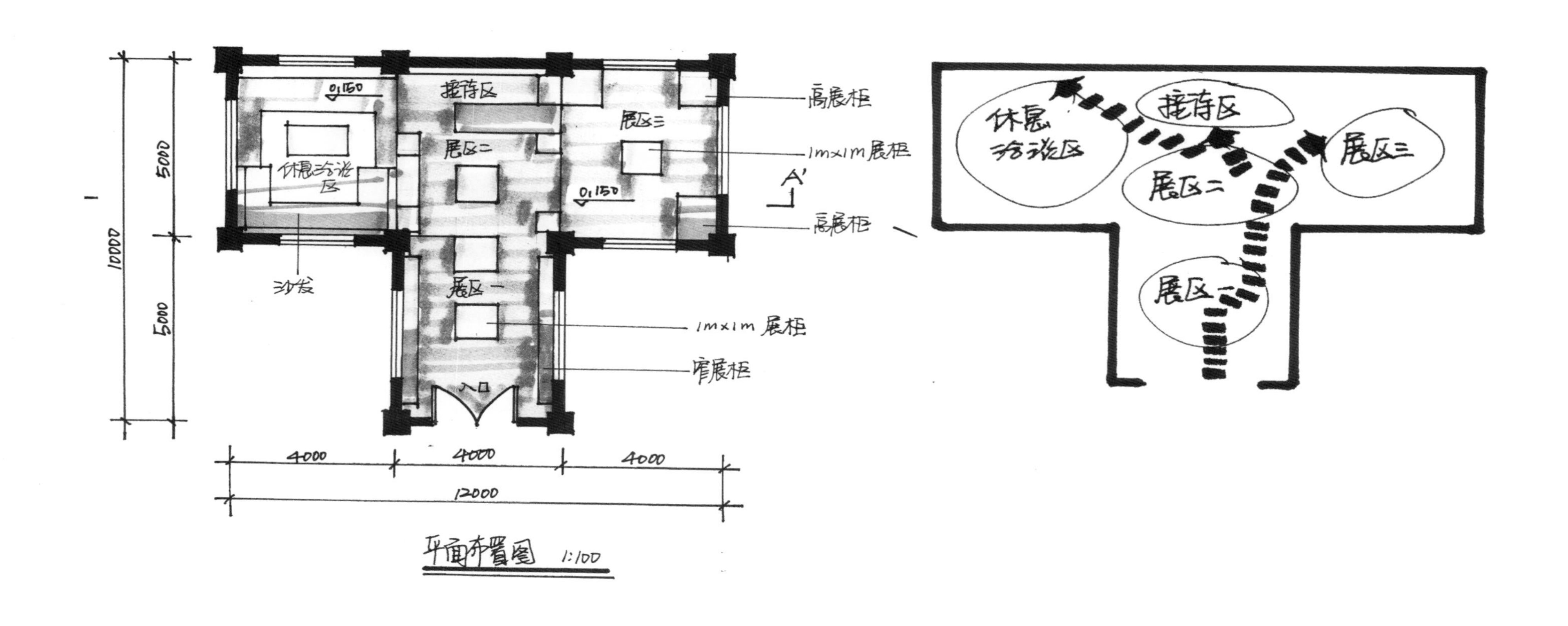

设计说明

本设计是一处葡萄酒展示厅的室内设计。利用大量的钢架结构，营造出干净利落的整洁感，现代感。大量的灰色调的使用，将室内中的人们的重点放在葡萄酒展品上，使人们注意力集中，更容易看中自己中意的商品。

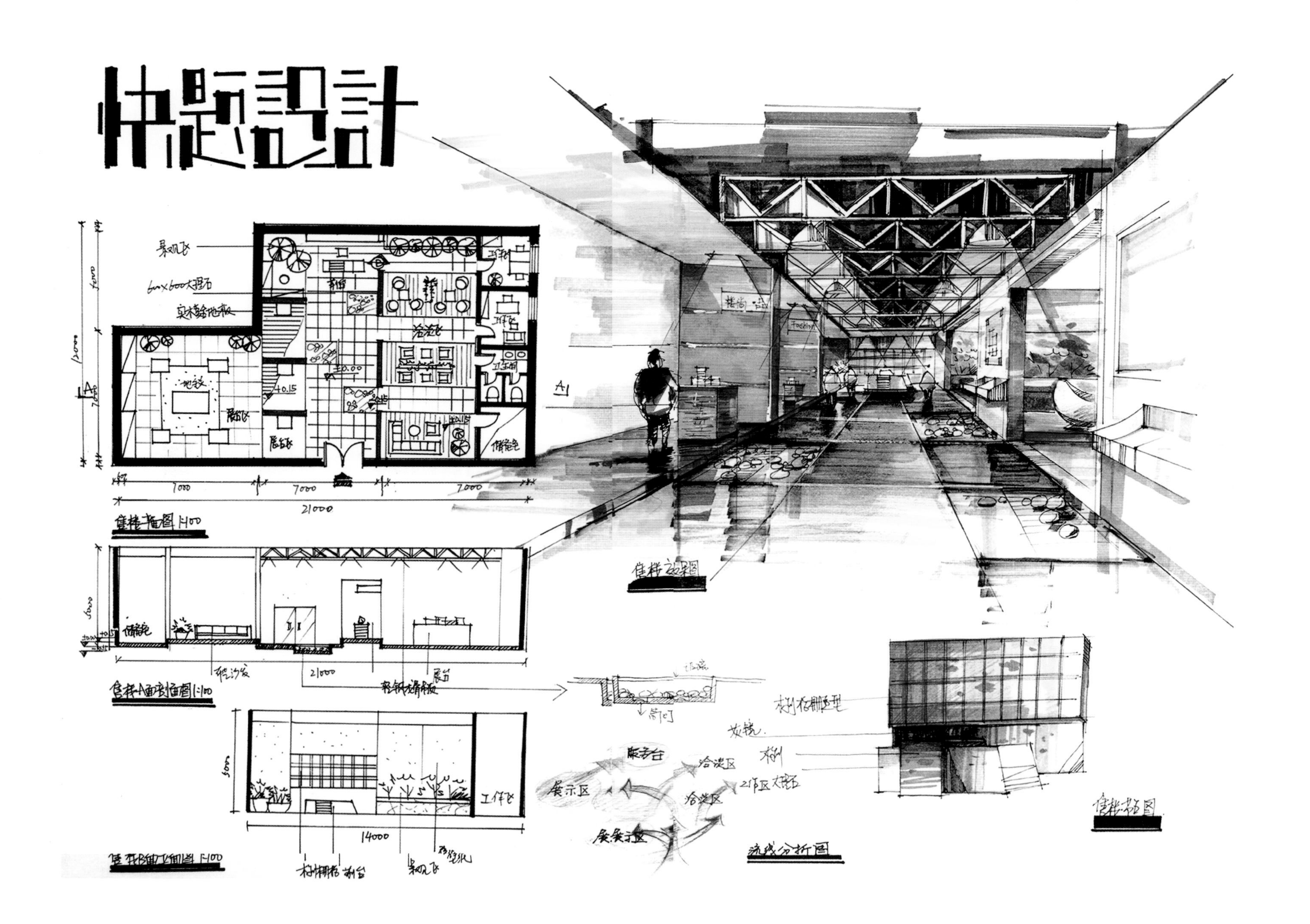

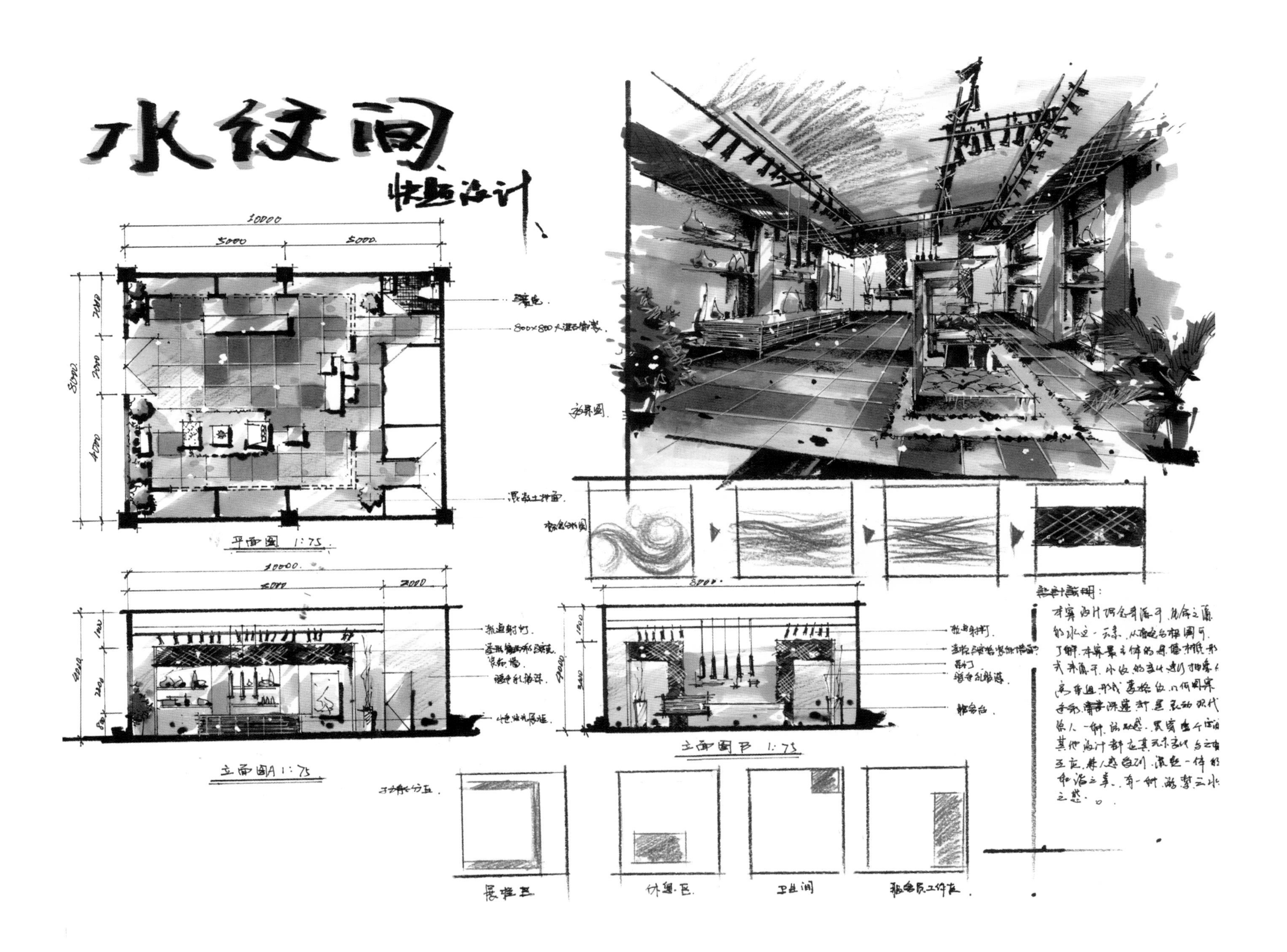
水纹间
快题设计
10000
5000
5000
8000
平面图 1:75
立面图A 1:75
立面图B 1:75
设计说明：
展柜区
休息区
卫生间

R
Red.

2.5 休闲娱乐空间

休闲空间是休闲、娱乐的生活空间，它不仅为人们提供生活的需求也为满足精神文化生活的追求提供了保障。

商业休闲空间的设计比其他的休闲方式更为方便、有效，而且商业的休闲空间基本上是完全免费的，也可以说足不出城也能达到自主、随意、放松、释放、感受新潮的目的。

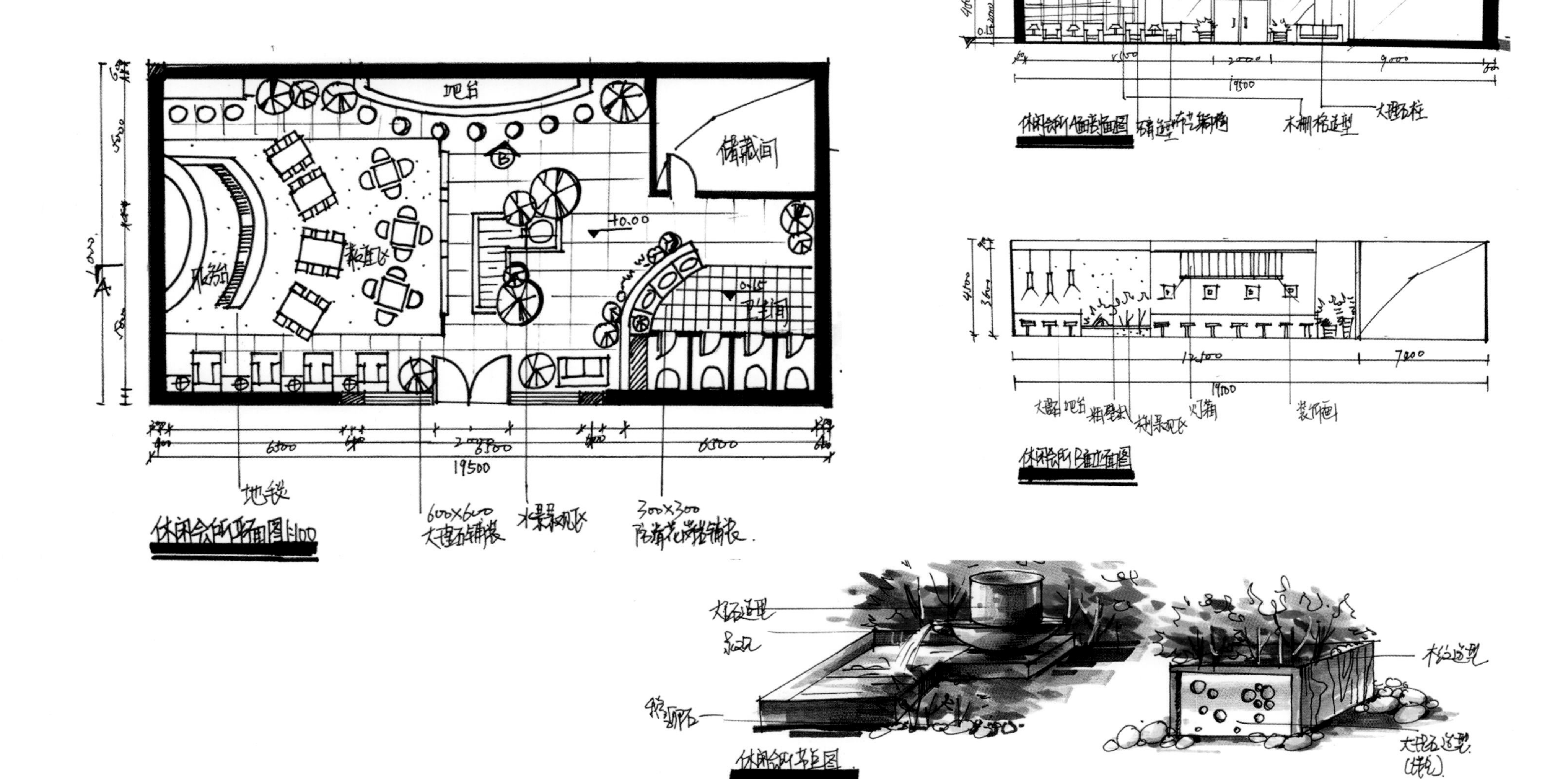

设计说明

方案为一个休闲会所的设计。休闲会所需要满足娱乐、放松、酒水等多功能的场所。在设计上分吧台、散座区、躺椅区、水景区。充分满足人们的多种需要。装饰上颜色大胆，对比强烈，水晶吊灯，木质装饰隔板，红色软包沙发。体现休闲会所的高雅时尚之感。

休闲会所效果图

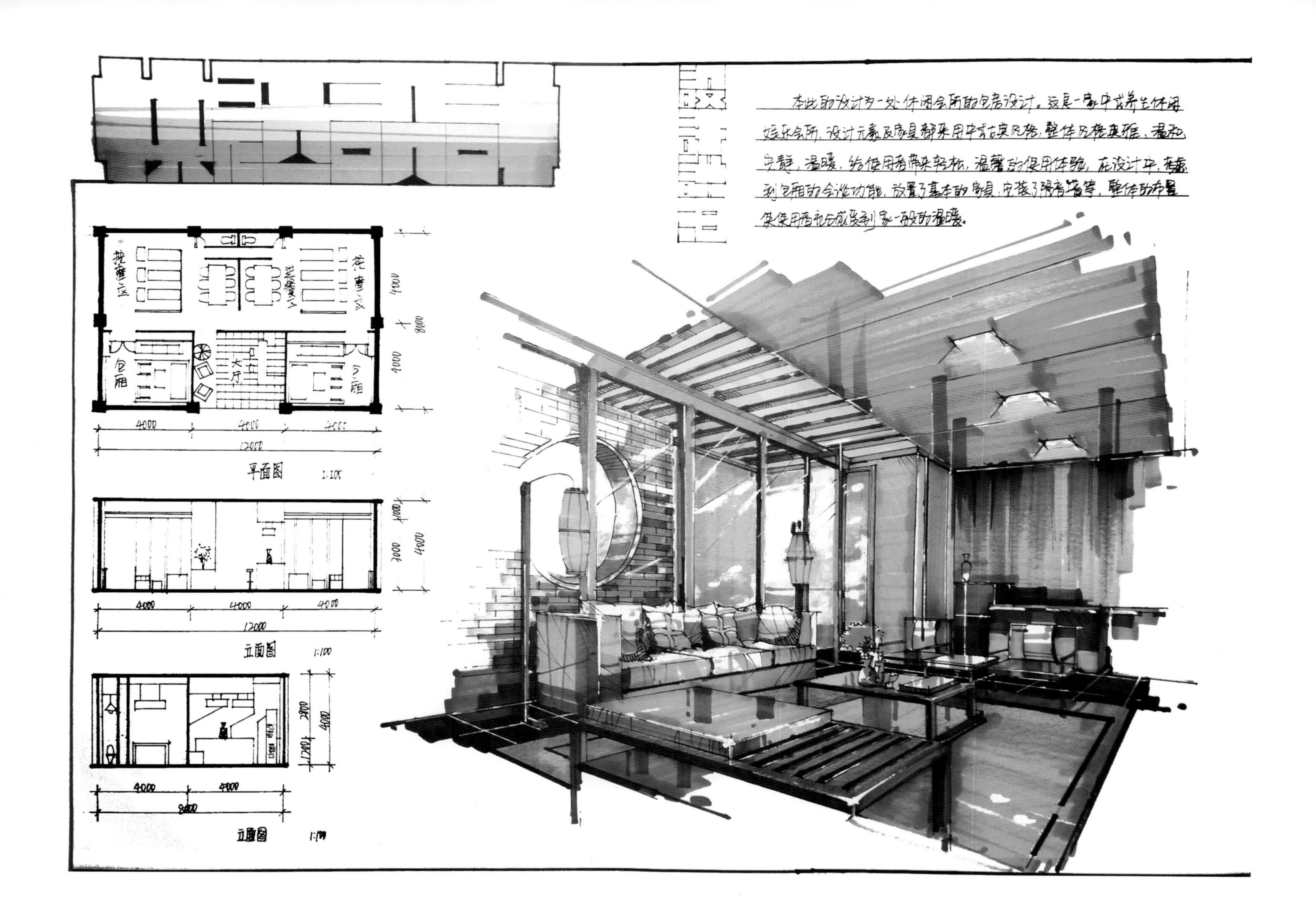
本此的设计为一处休闲会所的包房设计。这是一家中式养生休闲
娱乐会所，设计元素及家具都采用中式古典风格，整体风格典雅、温和、
安静，温暖，给使用者带来轻松，温馨的使用体验，在设计中，考虑
到包厢的会谈功能，放置了基本的家具，安装了隔音墙等，整体的布置
使使用者充分感受到家一般的温暖。
按摩区
按摩区
包厢
大厅
包厢
4000
4000
4000
12000
平面图 1:100
4000
4000
4000
12000
立面图 1:100
4000
4000
8400
立面图 1:100

现代茶馆

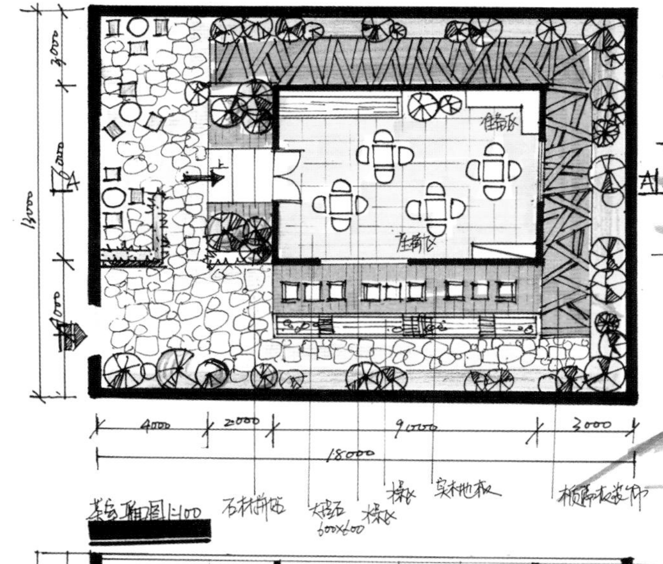

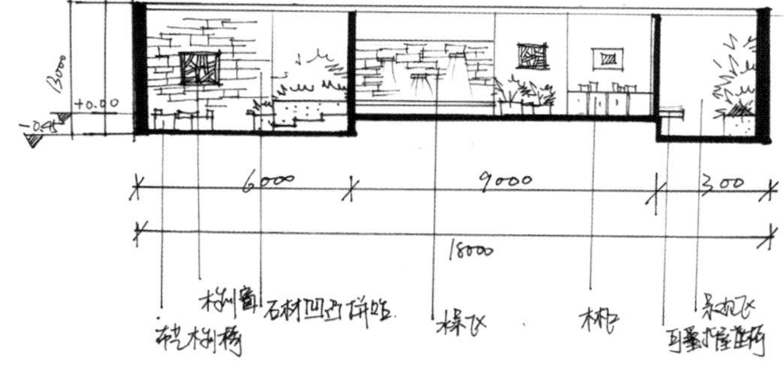

设计说明：

方案为一个茶馆的设计。休闲茶馆需要满足喝茶、放松、会客等多功能场所。在设计上分准备区、四人区、两人区、水景区。充分满足人们的多种需要。装饰上大多采用木质材料和文化石以及藤编椅子来体现中式茶馆感觉。再配有小型水景景观来烘托整体空间氛围。

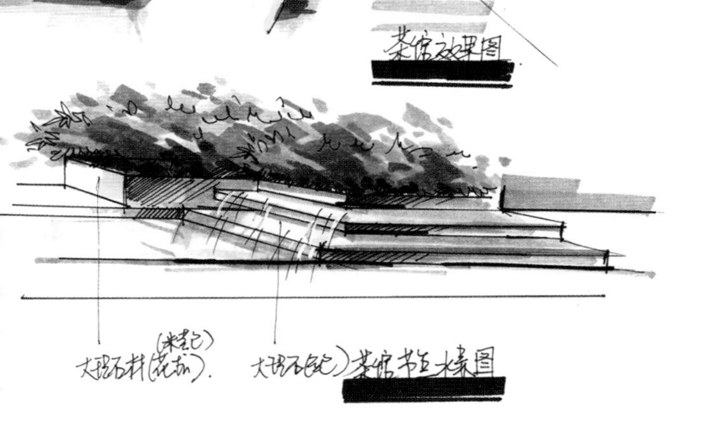

2.6 艺术沙龙空间

展示艺术，以前也称为展览艺术，从展览到展示虽然只一字之差，但其内涵却发生了很大变化。我们说展览是把事物陈列摆放出来给人们观看欣赏，这是静态的和被动的；而展示设计却是动态地、主动地把事物表现出来，引人观看。因此，展览应理解为只是展览方表明自身主体，而展示设计则似乎是把自身主体和观众有机地融合起来，甚至还有一点夸张的作用。它综合地向人们展现自己的耀眼魅力，又使观众理解自己的目的，这非常符合现代社会的发展趋势。所以，这一字之差把传统的艺术带入到了一个非常广泛的展示表现空间中。

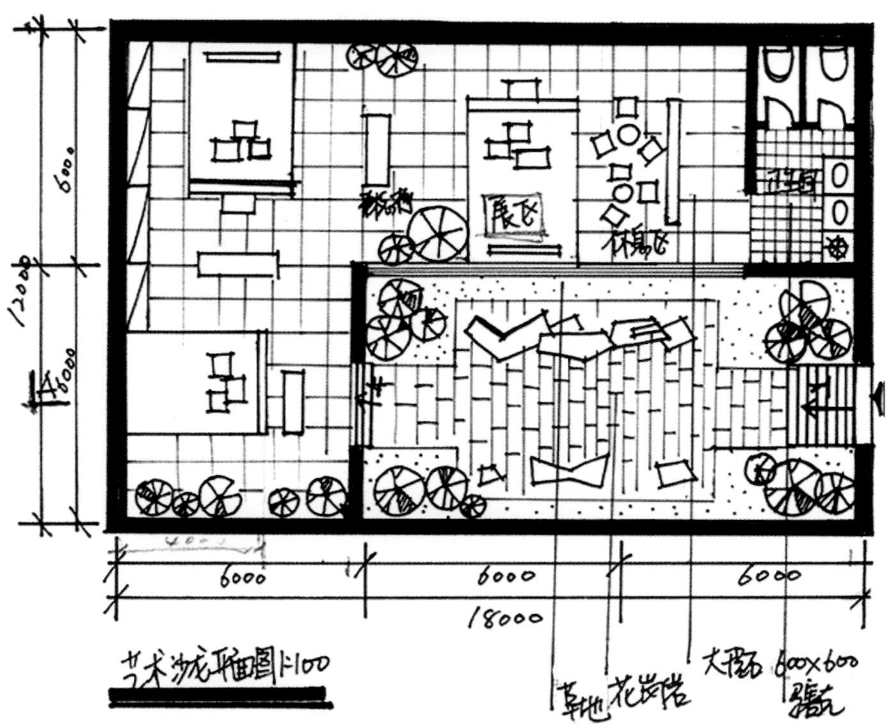

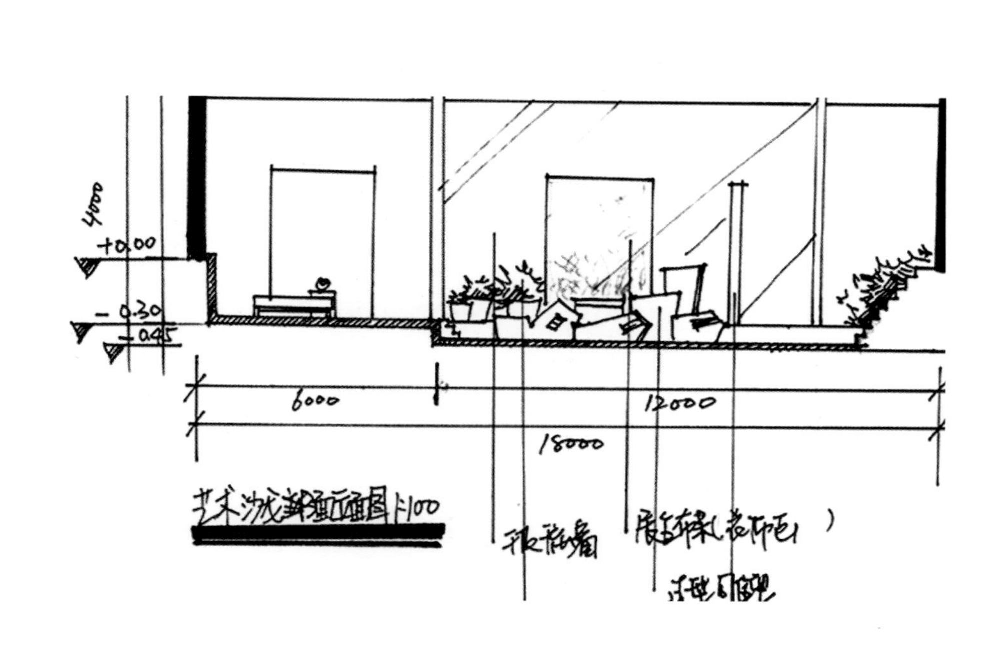

设计说明

此设计为艺术沙龙展厅的设计。使用隔断将整体空间分隔，搭配抽象画背景，烘托整体艺术氛围。室外使用大量绿植，显示茂密繁盛的感觉。色调以灰色为主，展台为亮红色，突出展品。并且突出空间的活跃度。不沉闷、死板。

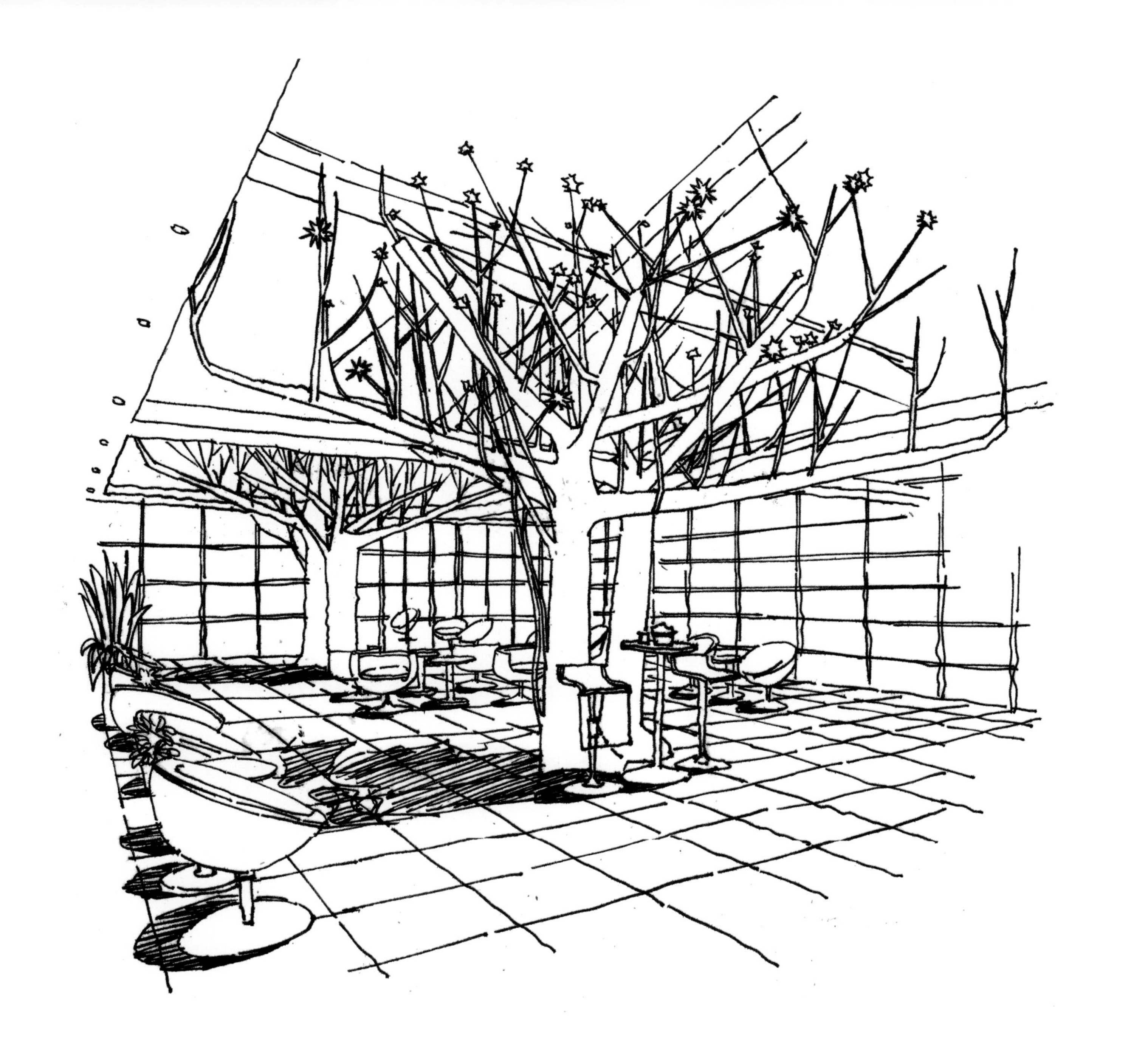

2.7 室内外结合空间

随着人们生活水平的提高，室内外结合的空间也是室内设计非常重要的环节。环境行为学的研究表明，人愿意在半公共、半私密的空间逗留，这样他可以既有对公共空间的参与感，又能看到外面人群或自然中的各种活动，如站在阳台向远处眺望、透过窗内向窗外张望等。好的过渡空间设计能够极大地提高空间的可利用性与灵活性。过渡空间越充分，越有余地，居家的私密性就越强，也越少外界干扰。

所以在设计室内外结合的空间，以室外与室内衔接的空间为主要设计的空间，要充分考虑到空间的延展性，增强空间使用度。

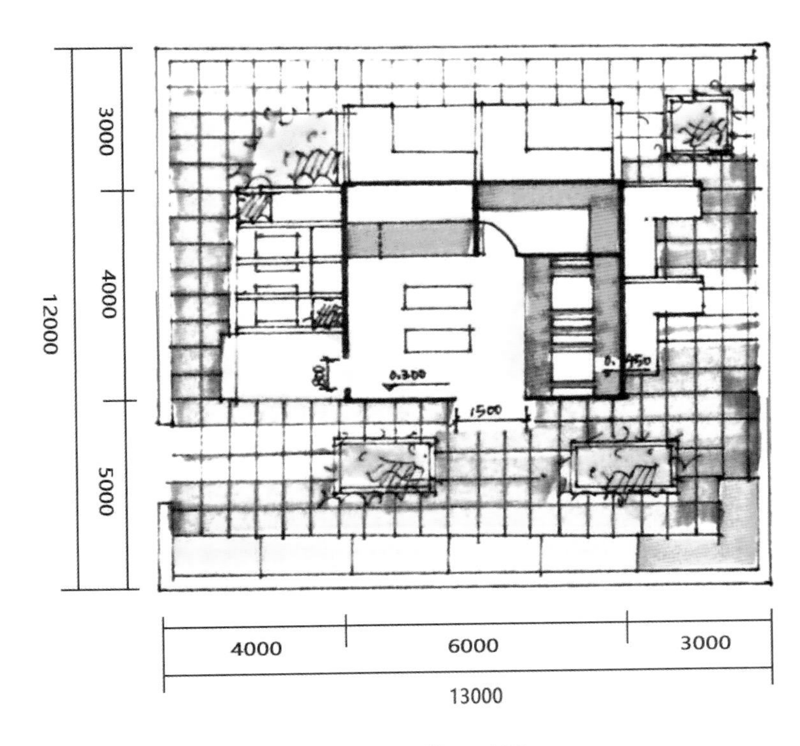

平面图1：100

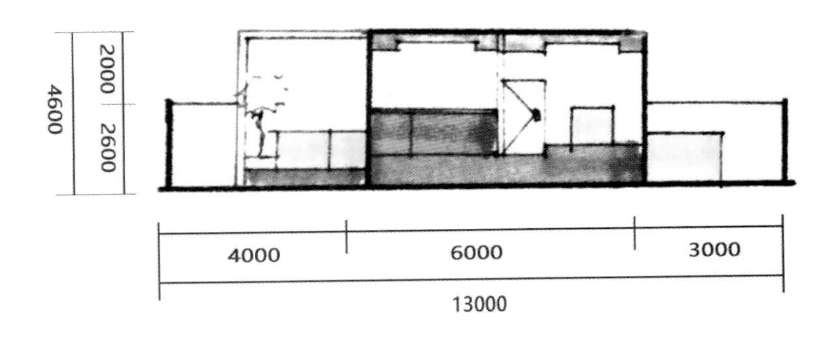

南面立面图1：100

设计说明

这是一处茶室的室内外设计。运用大量中国元素，将此茶室营造出安静、祥和的气氛。茶室是中国历代精华的沉淀，在此处，可以平心静气地感受茶文化，品味茶的精华，体验茶的口感。

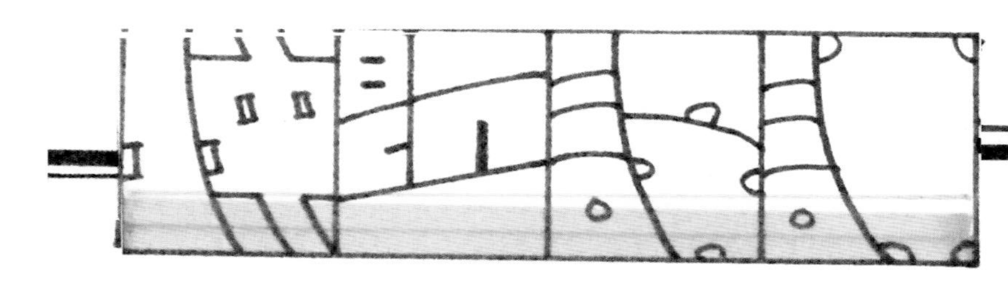

设计说明

此设计是一处艺术沙龙的室外设计。结合休闲与展示两大主要功能。利用大量绿植、瓦片、梁柱，将这里的风格定位为古色古香的中式庭院样式。给使用者宁静、安逸、放松的感觉。

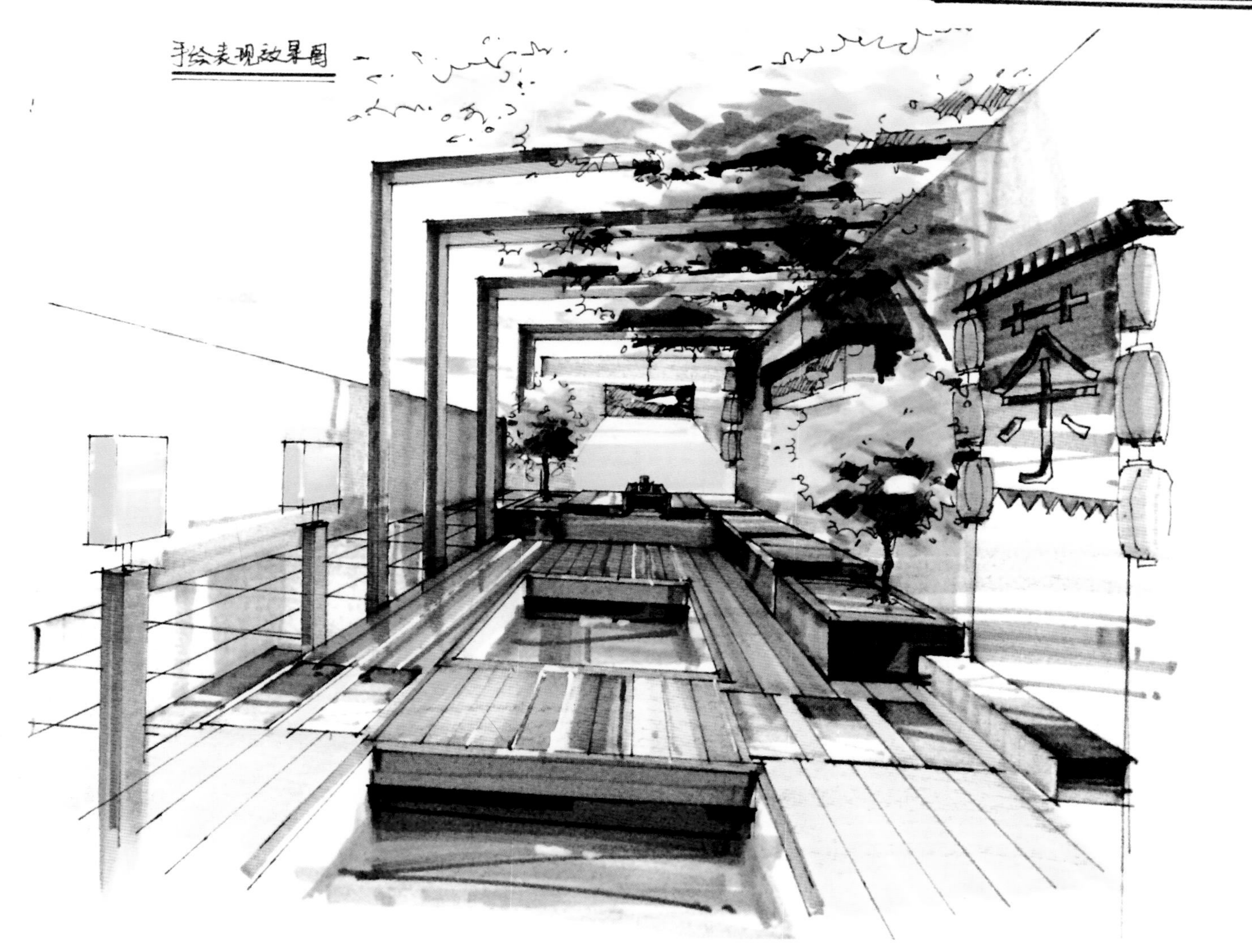

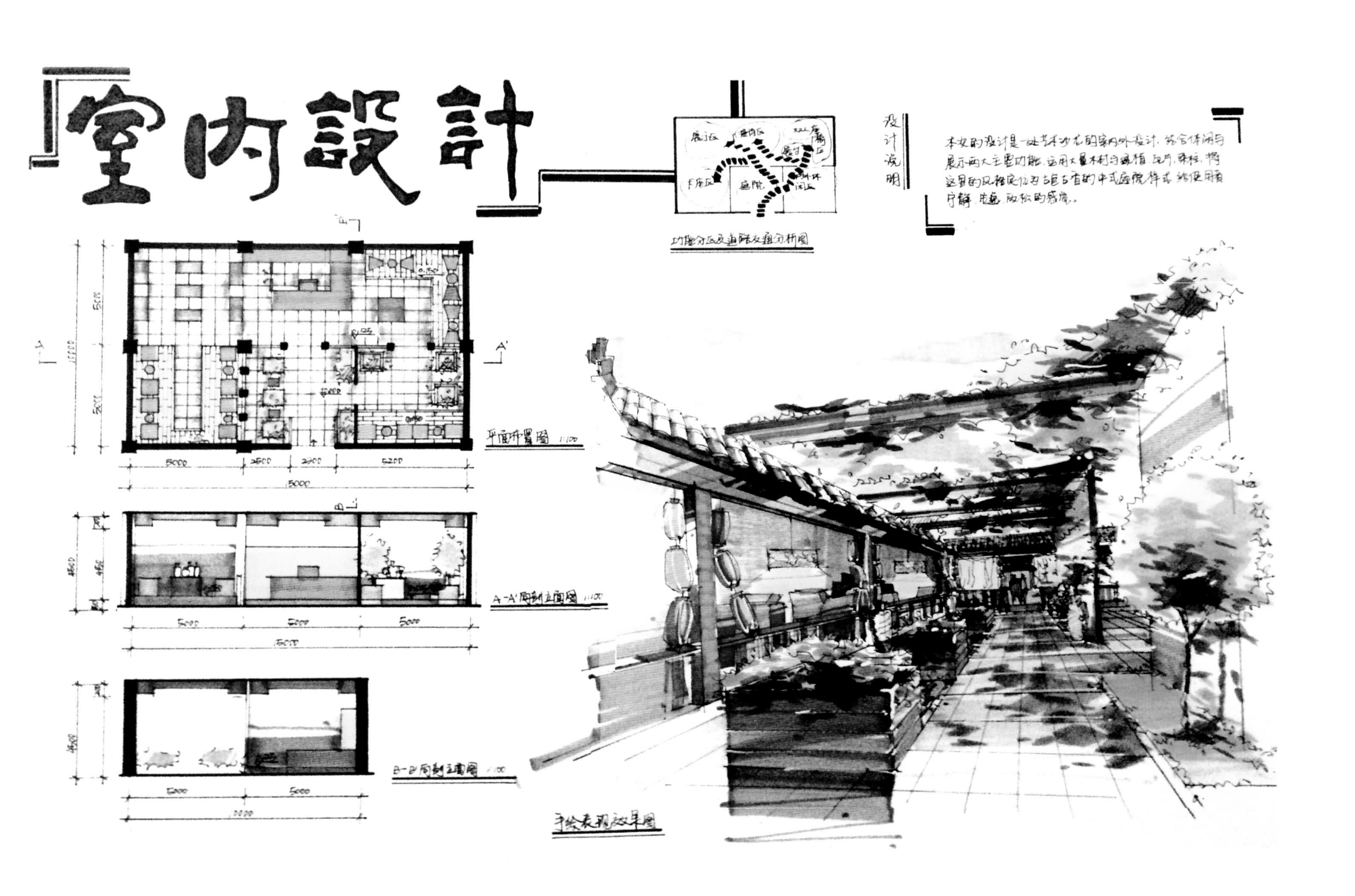
室内設計
设计说明
功能分区及流线分析图
平面布置图 1:100
A-A'剖立面图 1:100
B-B'剖立面图 1:100
手绘表现效果图
5000
2500
2300
5200
15000
5000
5000
5000
15000
5000
5000
10000

第五章　环艺快题考研真题案例

第一节 高校考研真题

第二节 优秀快题

第一节 高校考研真题

1.1 清华大学

近年来清美环艺快题设计的出题方向越来越趋向于考察学生的真正设计能力，考题慢慢变得“抽象”起来，把目光放在了怎样切入设计的本质上面，例如高差的处理，空间意境的打造，建筑之间的小型功能空间的可能性等等。希望备考的同学们能够及时转变思路，建议在今后的备考和练习中着重于以下几种类型的收集和思考。

一：空间氛围和主题的表现（2012 年初试）。

二：高差或者微地形的处理，尊重自然并创造出丰富景观体验（2013 年、2015 年初试）。

三：室内与景观有机的结合和灵活的转换（2013 年初试）。

四：连接建筑或者建筑的附属空间的高效利用（2014 年初试）。

附 2014 年清华美院研究生入学考试环境艺术设计专业基础考题：

敬老院的连廊空间设计。

设计敬老院 A、B 两建筑之间连廊，要求画出效果图、两个剖立图，平面图，室内外不限。

附 2013 年科普考题

科普—科普展览策划与设计：

以“科学的历程”为主题，设计一个展览的局部空间或者展品。

要求：2 个草图方案，选择其一进行深入、包括效果图、尺寸图和设计说明，一张 4 开素描纸，考试时间 4 小时。

附 2014 科普复试考题

科普产品 / 展示：

以“智能学习”为主题进行展示设计或产品设计。

要求：画出效果图，必要的视觉图和文字说明。分类明细：创意草图 25 分，设计表达 30 分，深化设计和草图 30 分，卷面整洁 15 分。考试时间： 11:00 ～ 17:30（注：中间休息 30 分钟）。

附 2015 年科普考题

科普—科普展览策划与设计：

对“水”元素做各种形态的变化，例如水波，水泡，水雾，冰块等等，解题时一定要做以下三个步骤，第一步骤试题到手，仔细审题，找出试题的重点。什么是水，水的定义是什么，水代表的是什么，水所呈现的状态如液态、气态和固态分别都是什么样，如选定水泡这个主题的空间，首先要明确水泡不一定是常规的圆形、椭圆形，也可以归纳为任何几何形状或异形，但是切记要明白另外两步，其一，两点成线，三点成面，四点成体，展示空间体现的就是体的关系，所以在表现空间时一定要是三维空间，如一个形态最好是顶和墙面和地面连成一个体，那样空间感强且主题明确，不然至少要连两个面；其二，透视要准确，这是最基本的能力，列出清单确定自己要画几幅画，在草稿纸上初步排版，绘制草图避免正稿出错；正稿排版时分清主次，开始答题，掌控好时间，保证自己的画面随时停笔时都是一张完整的画面。最后留出至少 15 ～ 20 分钟检查试卷并调整画面。

清华 2015 年科普考题 示范：

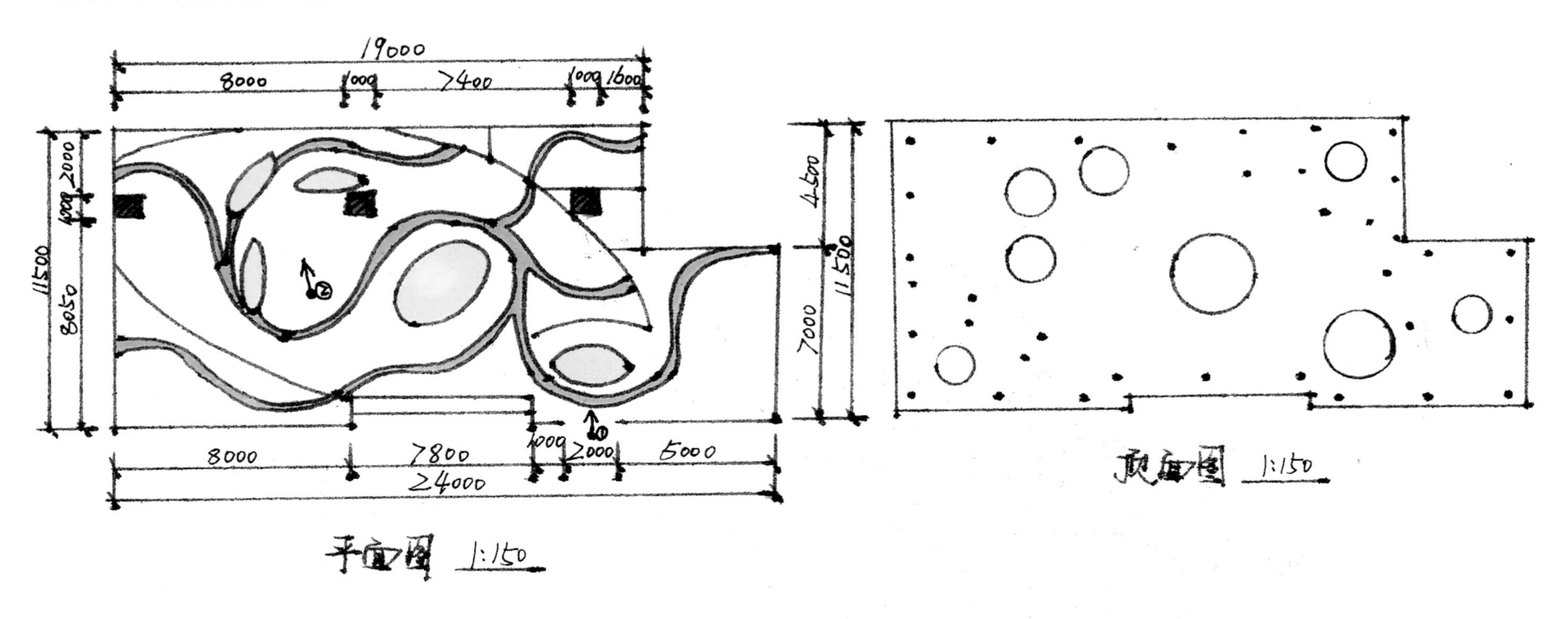

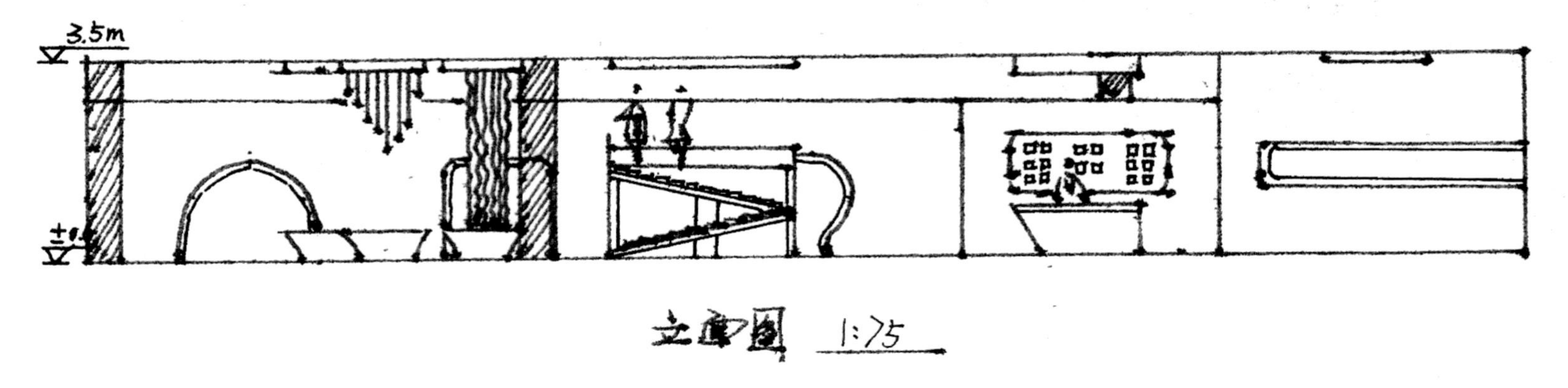

效果图一
15.7.5

效果图二
15.7.5.

1.2 北京林业大学

北京林业大学环境艺术设计专业属于艺术设计学院，从 2014 年开始快题设计考试，2014 年之前以色彩风景画创作为主。

一：快题考试设计以室内为主。（2014 年、2015 年）

二：居室设计主题性强，有严格的尺规作图规范。（2014 年、2015 年）

三：有灵活的创作题目，注重色彩与造型的塑造能力。（2015 年复试）

附 2014 年北京林业大学研究生入学考试环境艺术设计专业初试考题：

室内书房设计。总面积 $50m^2$，长宽自定，高为 3m。西面为窗户，北面为入口， 设计风格不限。

要求：按照国家制图标准规范，1 平面图，1 立面图，1 透视图，设计说明，流线分析图。时间为 3 小时。

附 2014 年北京林业大学研究生入学考试环境艺术设计专业复试考题：

室内客厅设计。总面积 $80m^2$，长宽自定，高为 3m。客厅为一对青年夫妇居住。喜爱运动，时尚感强。

要求：按照国家制图标准规范，1 平面图，1 立面图，1 透视图，设计说明，功能分区图。时间为 3 小时。

附 2015 年北京林业大学研究生入学考试环境艺术设计专业初试考题：

中国家庭的厨房。总面积 $10m^2$，长宽自定，房高 3m。

要求：按照国家制图标准规范，1 平面图，1 剖立面图，1 透视图，设计说明，功能分区图。时间为 3 小时。

附 2015 年北京林业大学研究生入学考试环境艺术设计专业复试考题：

以温暖的意境为主题，按各专业方向设计，表现手法不限。

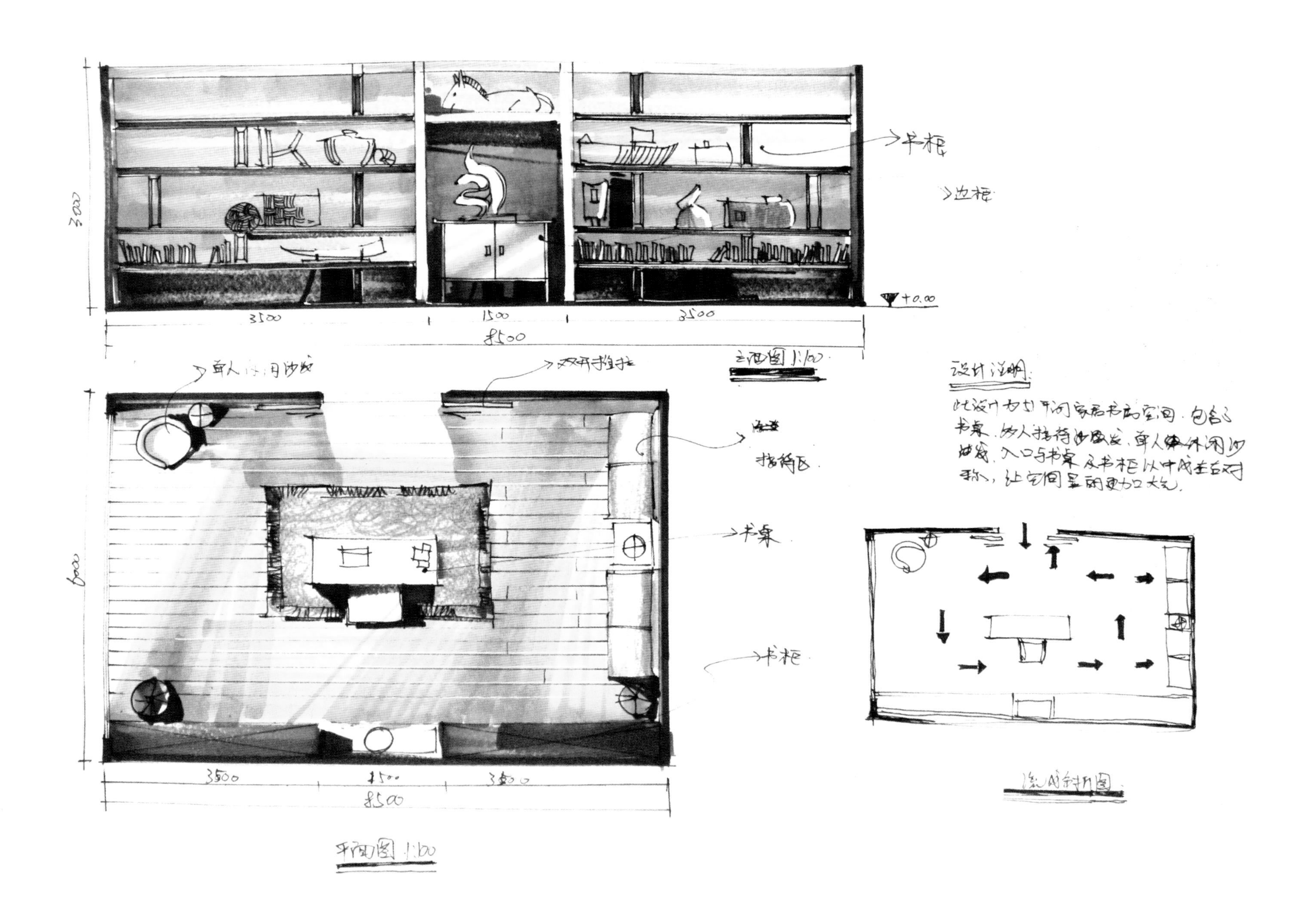
书柜
边柜
3000
3500
1500
3500
8500
±0.00
立面图 1:100
单人休闲沙发
双开推拉门
接待区
书桌
书柜
6000
3500
1500
3500
8500
平面图 1:100
设计说明:
此设计为51平间家居书房空间，包含了书桌、多人接待沙发、单人休闲沙发，入口与书桌及书柜以中线左右对称，让空间显得更加大气。
流线分析图

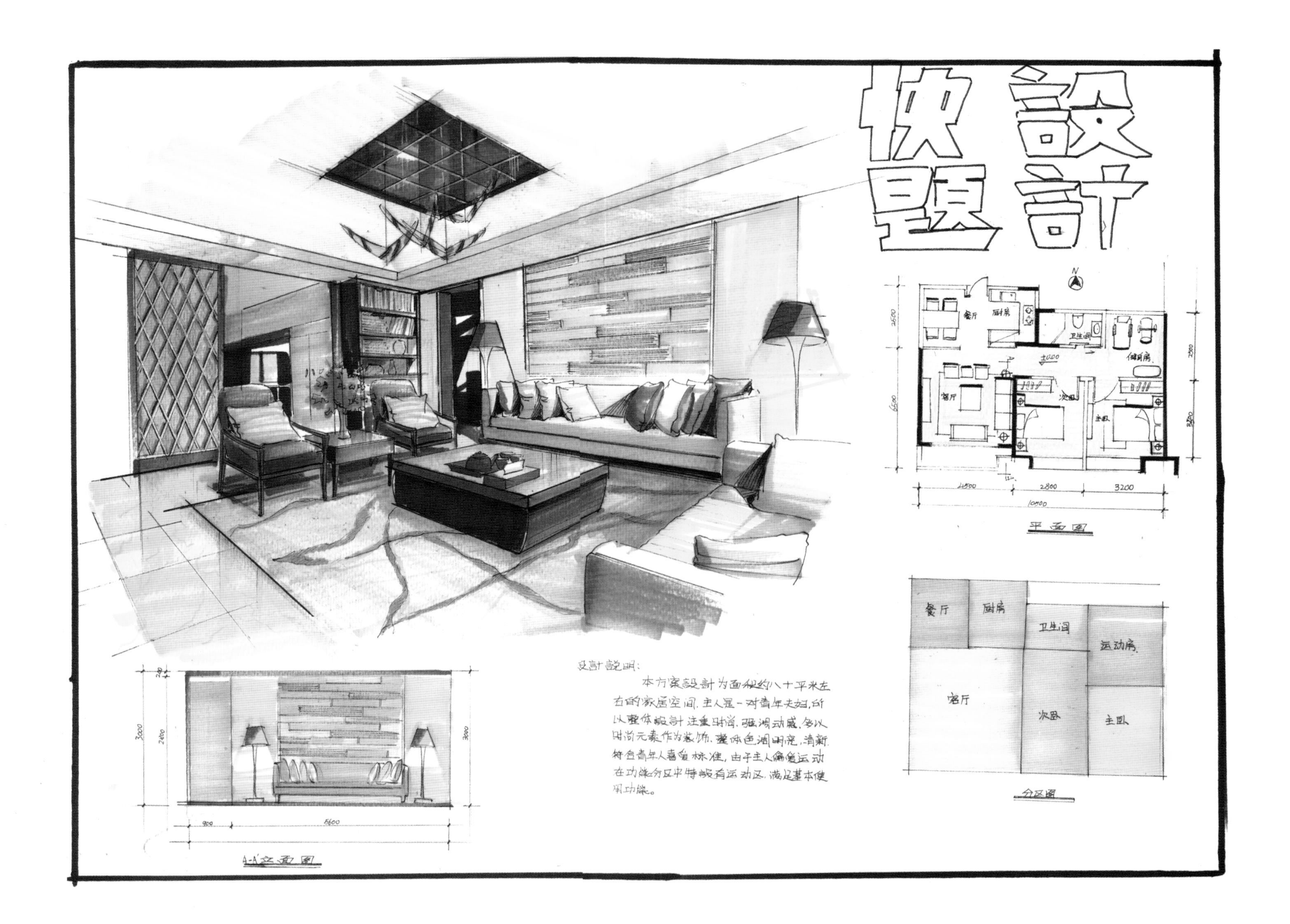
快題
設計
N
餐厅
厨房
卫生间
健身房
客厅
次卧
主卧
2500
6500
2500
3800
4500
2800
3200
10500
平面图
餐厅
厨房
卫生间
运动房
客厅
次卧
主卧
分区图
设計說明：
本方案設計为面积约八十平米左右的家居空间，主人是一对青年夫妇，所以整体設計注重时尚，强调动感，多以时尚元素作为装饰，整体色调明亮，清新，符合青年人喜爱标准，由于主人偏爱运动在功能分区中特設有运动区，满足基本使用功能。
3000
2400
3000
900
5600
A-A'立面图

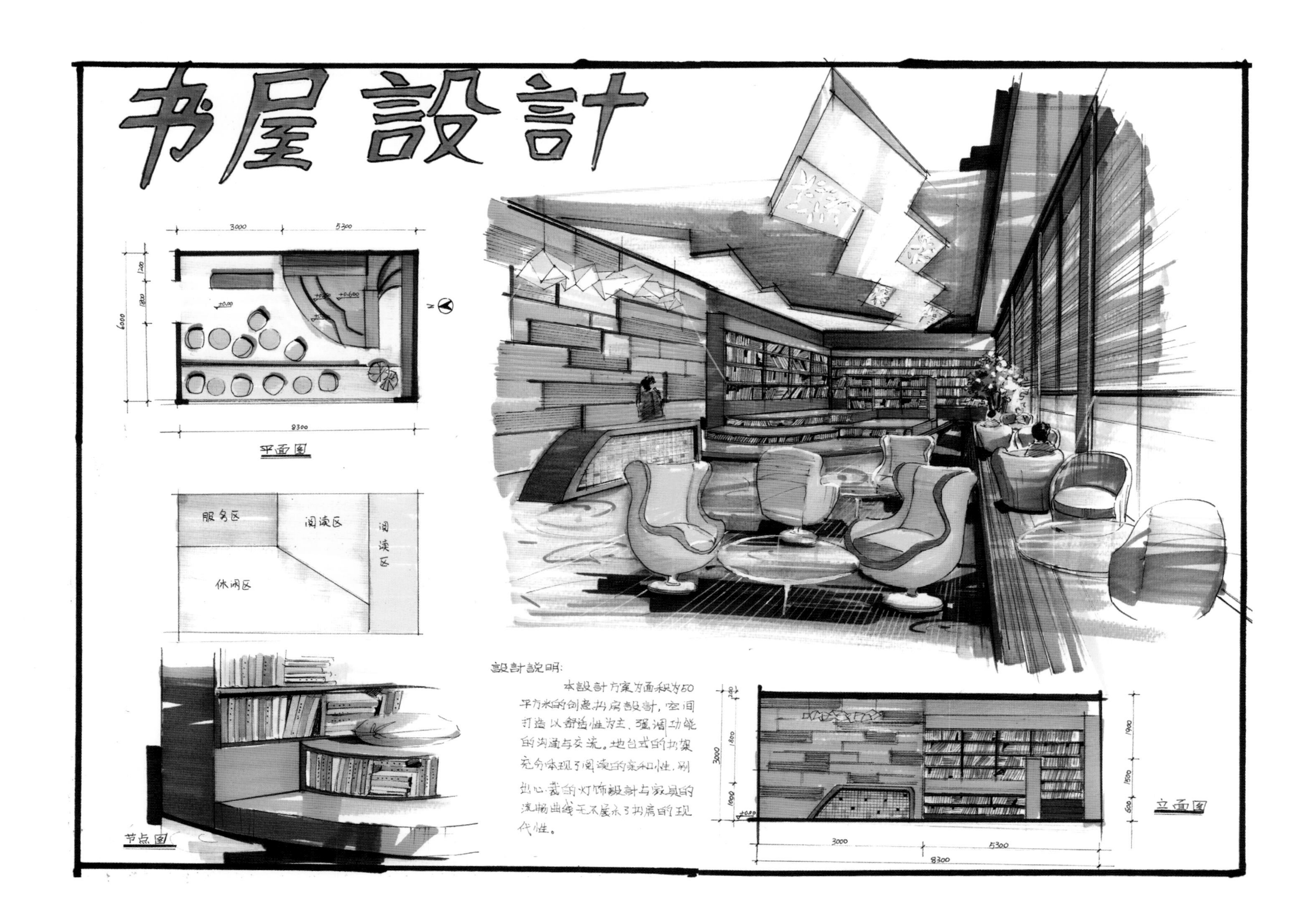
书屋設計
3000
5300
6000
1200
1800
±0.00
+0.300
+0.600
8300
平面图
服务区
阅读区
阅读区
休闲区
節點圖
設計說明:
本設計方案为面积为50平方米的创意书房設計，空间打造以舒适性为主、强调功能的沟通与交流。地台式的书架充分体现了阅读的亲和性，别出心裁的灯饰設計与家具的流畅曲线无不展示了书房的现代性。
3000
1800
1000
1900
1500
600
±0.00
立面图
3000
5300
8300

1.3 同济大学

附 2014 年快题题目“生”；复试题目是为家乡设计。

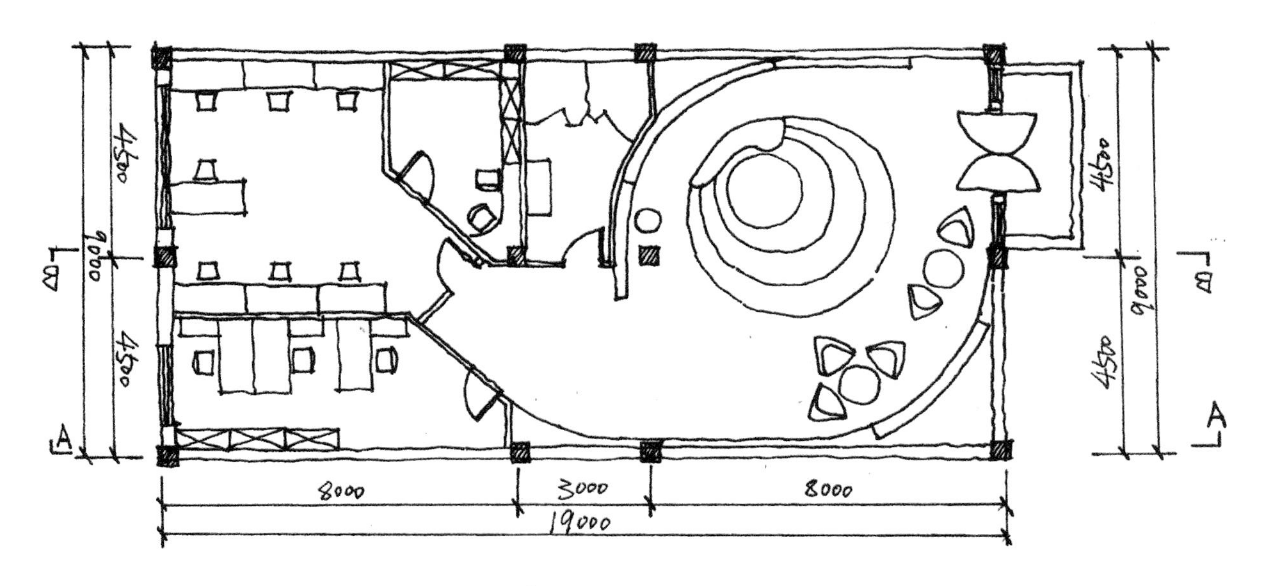

平面布置图 1:50

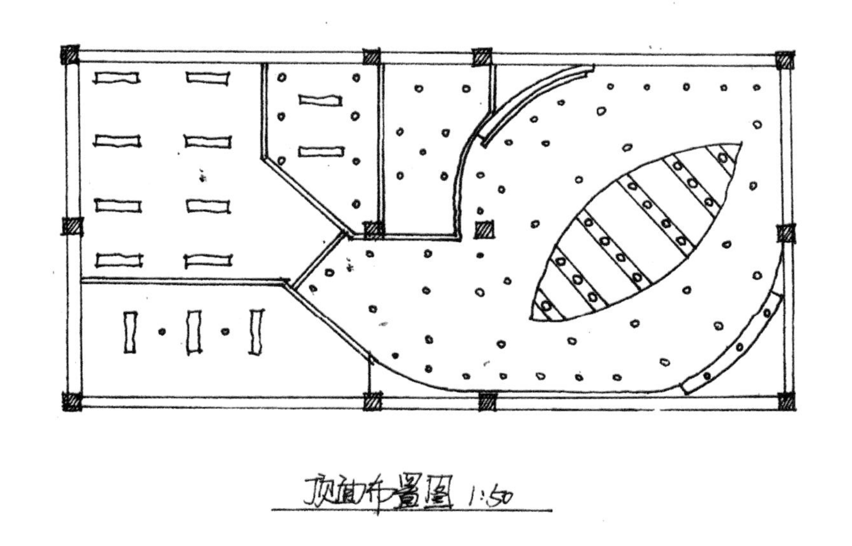

顶面布置图 1:50

A向立面展开图 1:50

B向立面展开图 1:50

1.4 北京理工大学

附 2013 年北京理工大学研究生入学考试环境艺术设计专业初试考题

人居空间设计：要求有休息、学习等功能，层高 4m，24m²，6mx4m 平面（左侧窗户右侧门），需要设计一个夹层。

1. 主要效果图（表现要有夹层和楼梯）、2. 立面（要求表现到夹层和楼梯）、3. 楼梯详细做法图、4. 文字说明。

附 2012 年北京理工大学研究生入学考试环境艺术设计专业初试考题

615 创作（总分：150 分）

茶室设计：根据所给平面图，设计一茶室。（要求图纸：平面图，立面图，草图，设计说明）

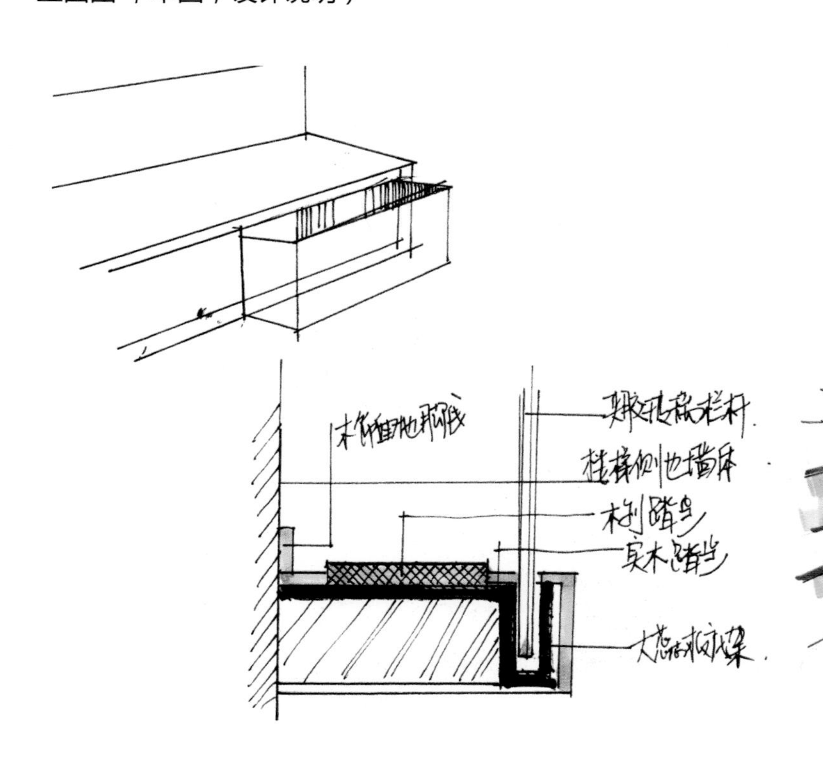

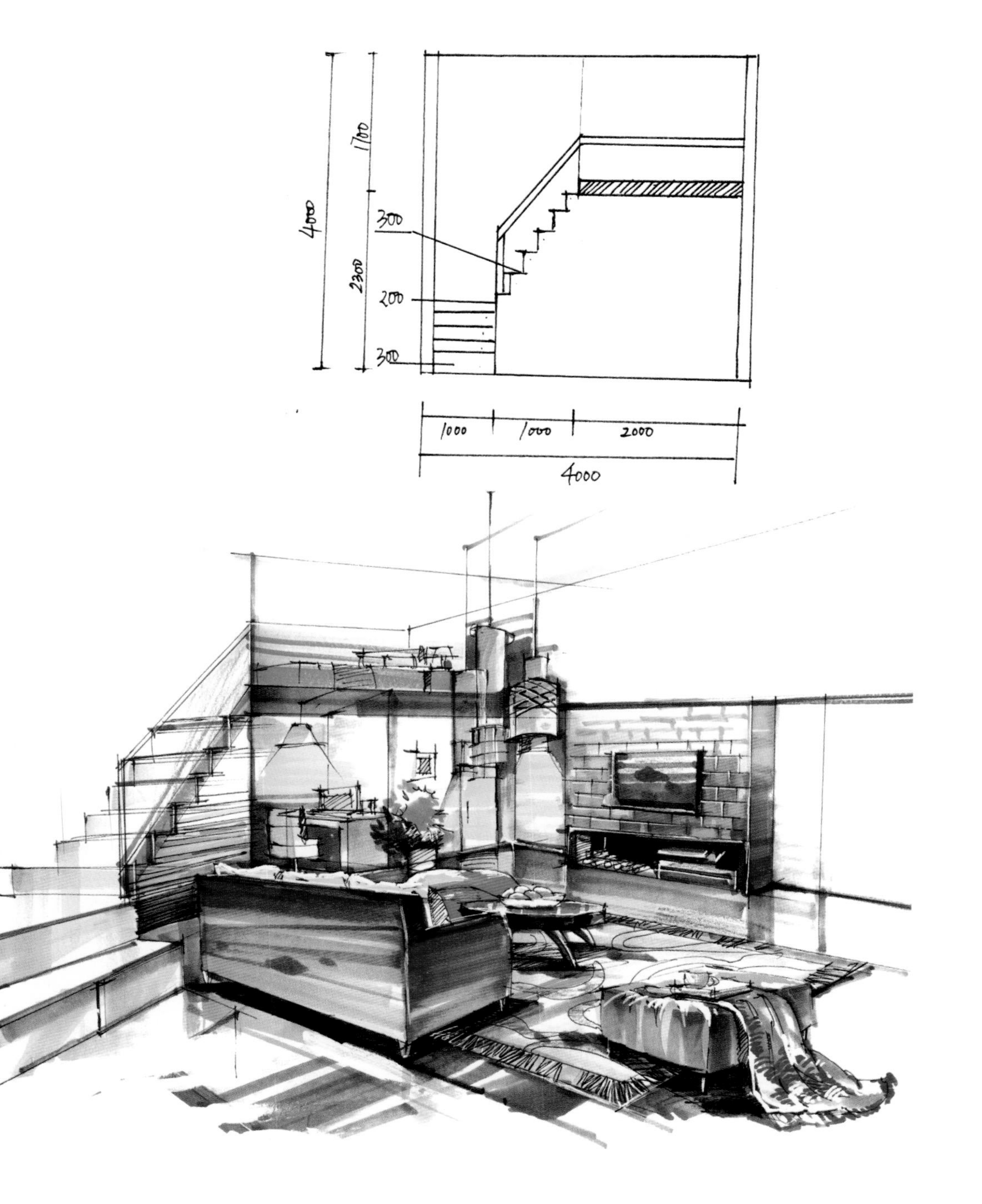

1.5 北京建筑大学

附 2014 年明代家具展厅空间设计

要求：展厅画出明代家具，按照正规尺规作图。两层结构，楼梯自定。

平面图、天花图、剖立面图、设计分析、设计说明。

时间：6 小时 、两张 A1 绘图纸 、表现方式不限。

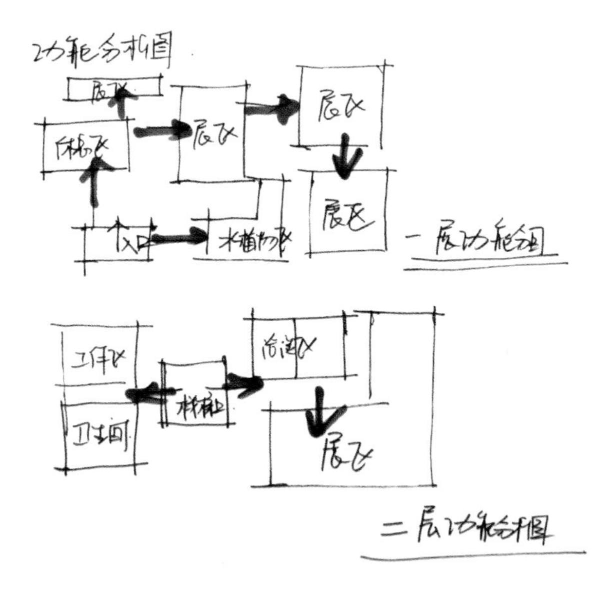

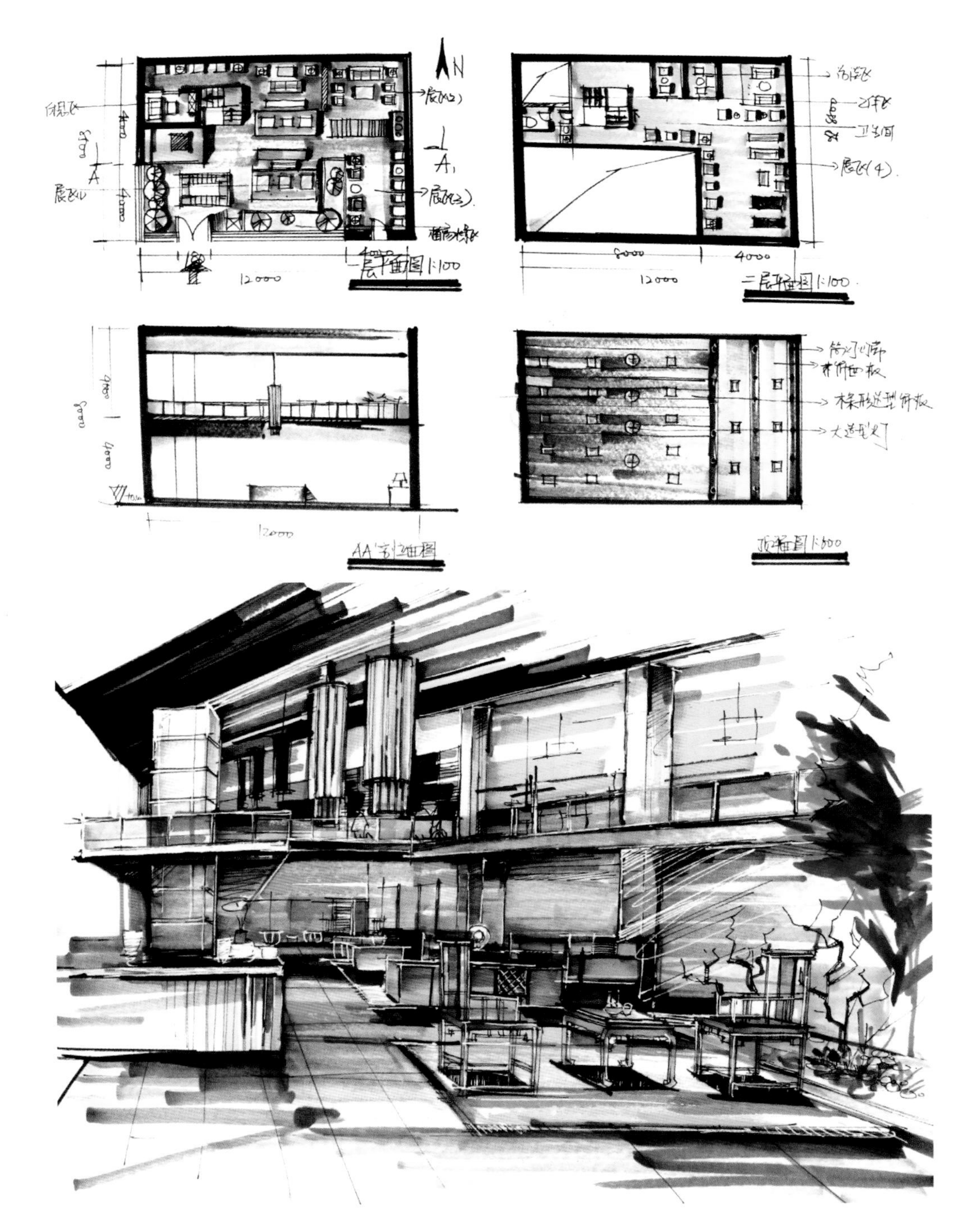

1.6 江南大学

附 2012 年环境艺术设计研究生考题

室内设计题目：社区老年人手工坊椭圆形空间

要求：平面图、顶棚图、剖立面图、设计分析、设计说明、原顶结构为钢架结构（可以考虑保留）

附 2011 年快题真题（室内）

“家居生活馆”8mx12m，5m 高，画两层。

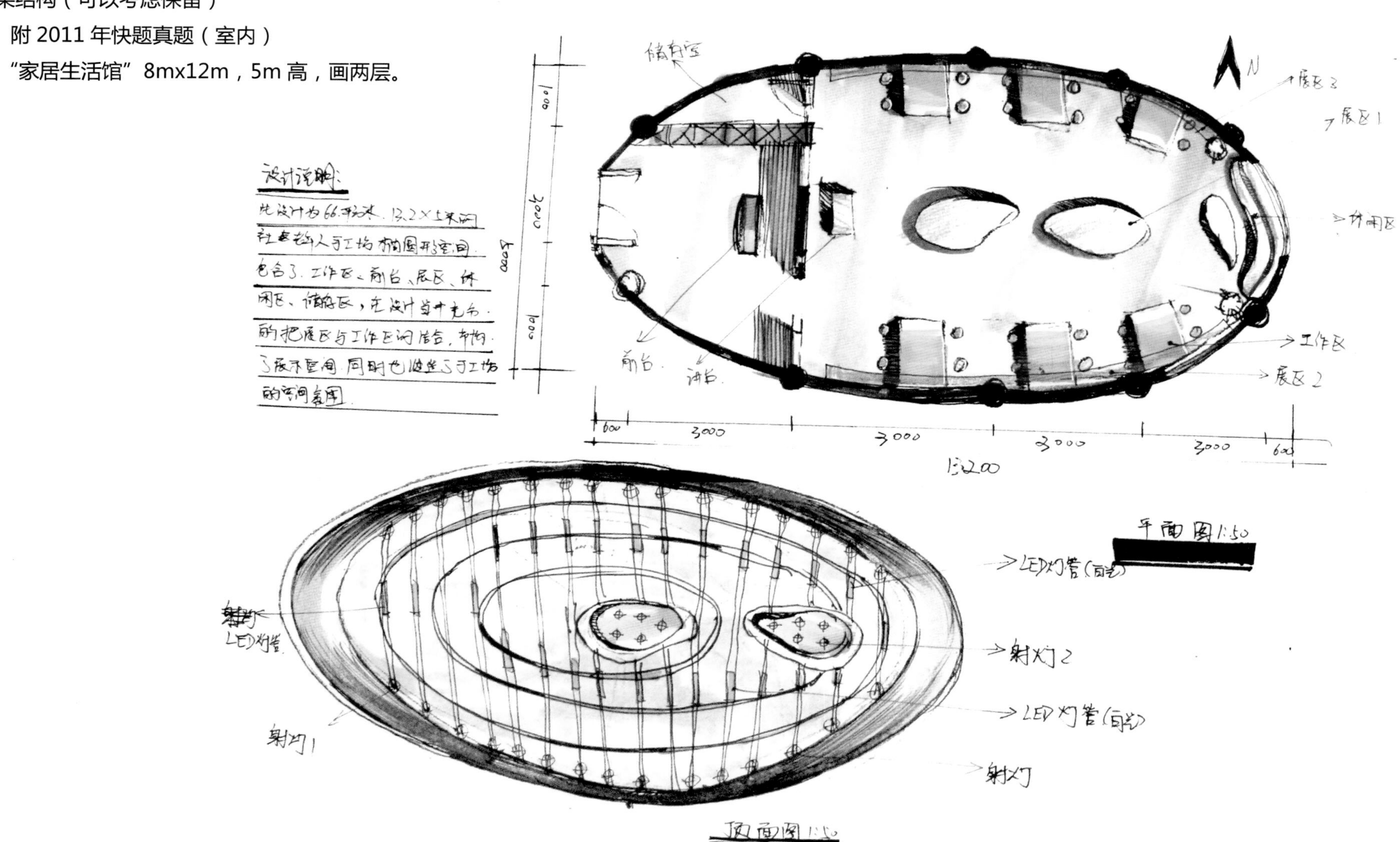

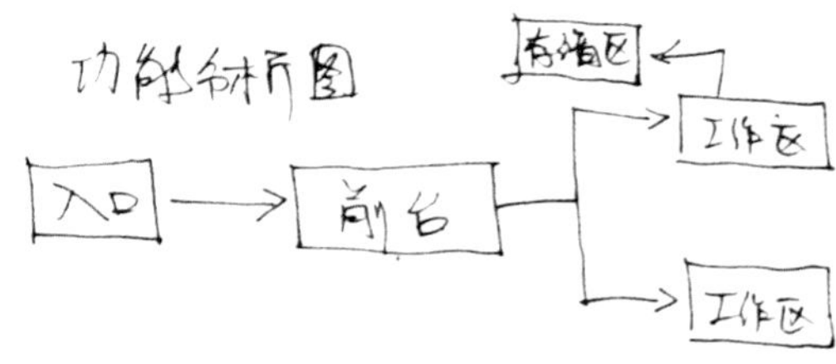
入口
前台
工作区
工作区

展柜
休闲区
钢架结构
形象墙
2000
7100
2100
13200

效果图

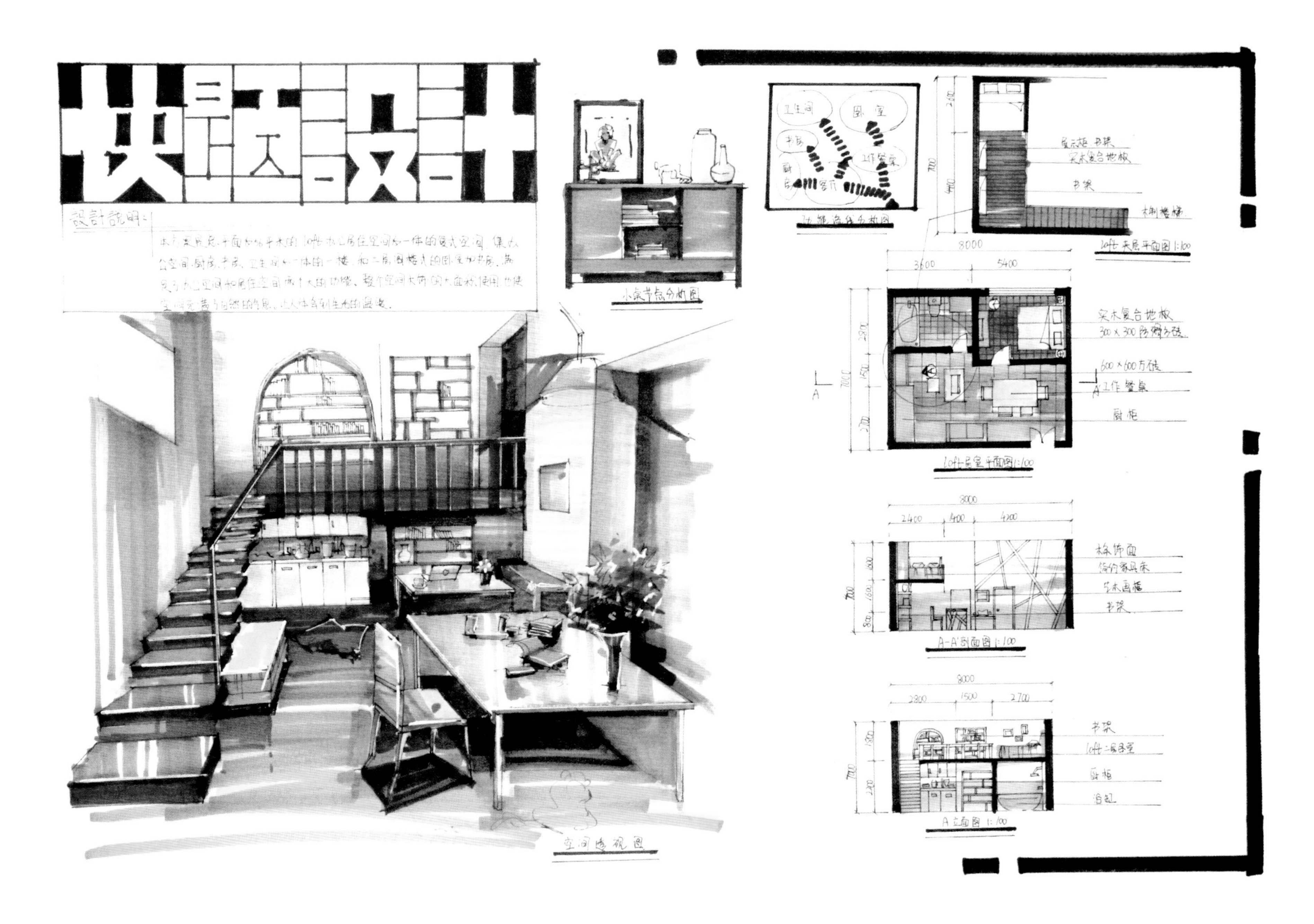

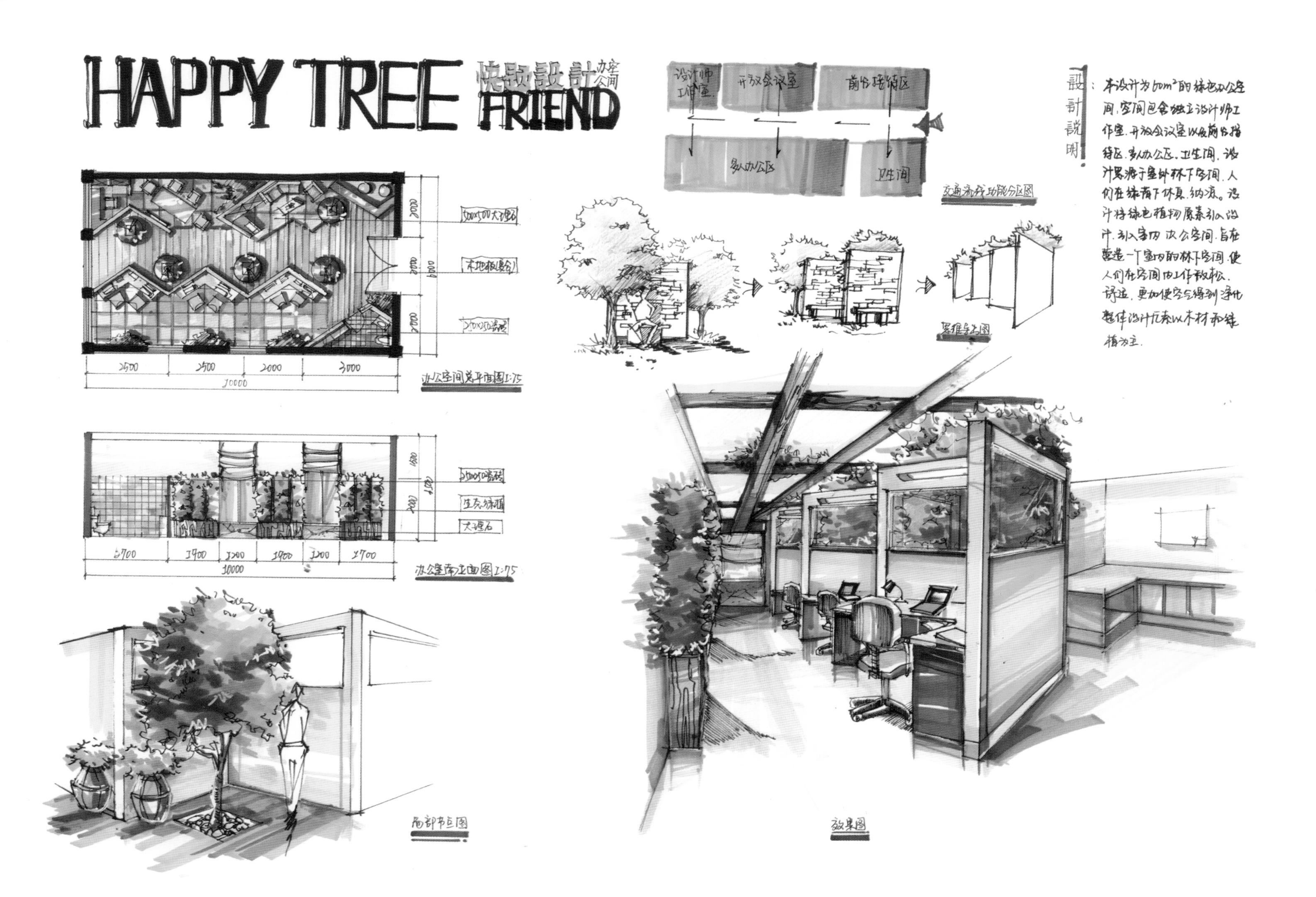
HAPPY TREE FRIEND
快题設計
办公空间
設計說明
本设计为60m²的绿色办公空间，空间包含独立设计师工作室、开放会议室以及前台接待区、多人办公区、卫生间。设计思源于森林下空间，人们在绿荫下休息、纳凉。设计将绿色植物原素引入设计，引入到办公空间，旨在营造一个室内的林下空间，使人们在空间内工作放松、舒适，更加使空气得到净化。整体设计元素以木材和绿植为主。
设计师工作室
开放会议室
前台接待区
多人办公区
卫生间
交通流线功能分区图
推理分析图
办公空间总平面图 1:75
办公室南立面图 1:75
局部节点图
效果图

古韵绿色茶室

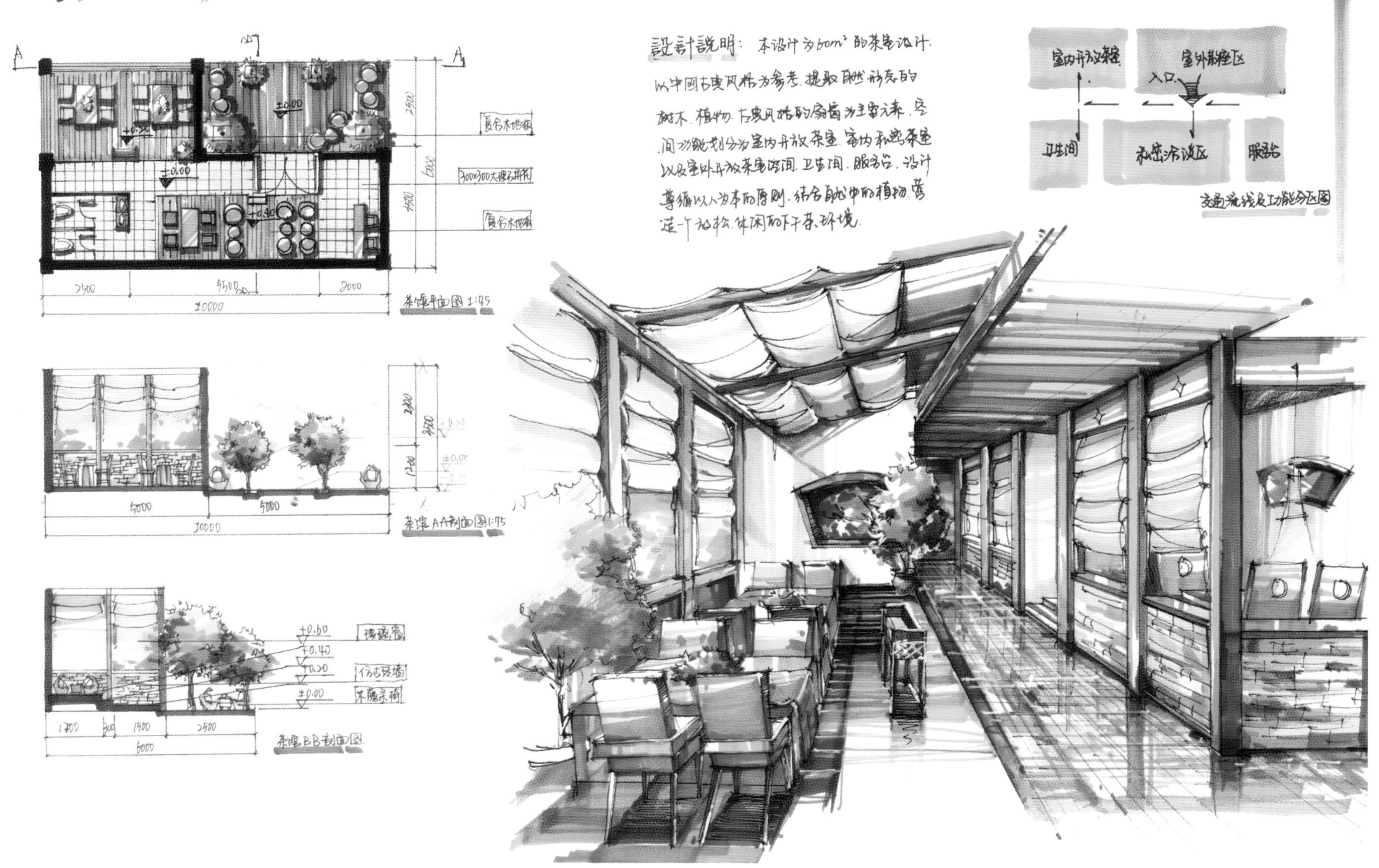
設計說明：本设计为60m²的茶室设计.
以中国古典风格为参考.提取自然形态的
树木.植物.古典风格的扇窗为主要元素.空
间功能划分为室内开放茶室.室内私密茶室
以及室外开放茶室空间.卫生间.服务台.设计
遵循以人为本的原则.结合自然中的植物.营
造一个轻松.休闲的下午茶环境.
室内开放茶室
室外开放区
入口
卫生间
私密洽谈区
服务台
交通流线及功能分区图
茶室平面图 1:75
茶室A-A剖面图 1:75
茶室B-B剖面图
10000
6000

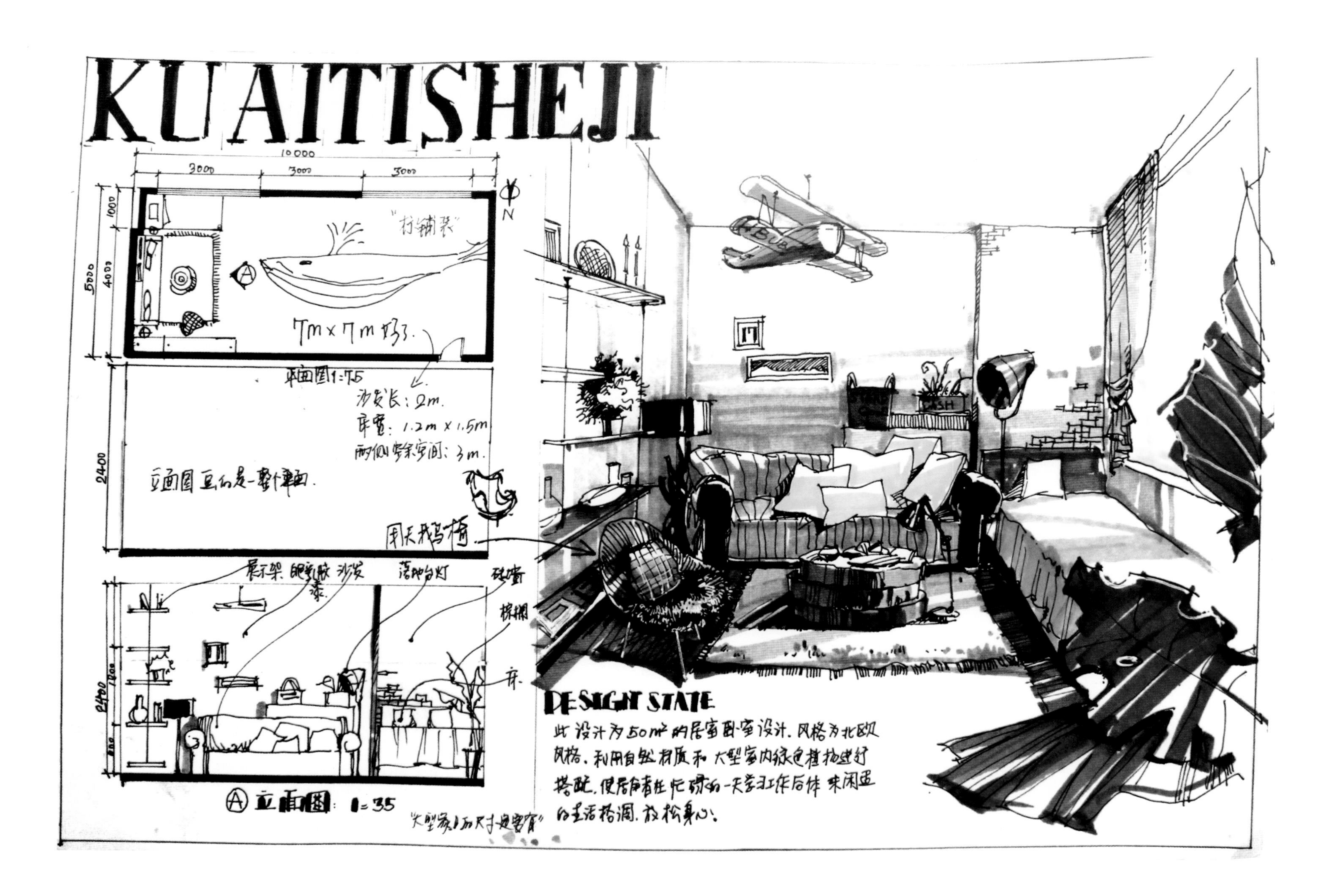
KUAITISHEJI
10000
3000
3000
3000
1000
4000
5000
"打铺装"
7m×7m 奶茶
平面图 1:75
沙发长：2m.
床宽：1.2m×1.5m
两侧多余空间：3m.
立面图 互动是一整幅画.
2400
展示架
肥皂胶 沙发
落地台灯
砖墙
棕榈
A 立面图 1:35
"大型绿植加大打造空间"
DESIGN STATE
此设计为50m²的居室卧室设计. 风格为北欧风格. 利用自然材质和大型室内绿色植物进行搭配. 使居住者在忙碌的一天学习工作后体味休闲惬意的生活格调. 放松身心.

Le Petit Jardin

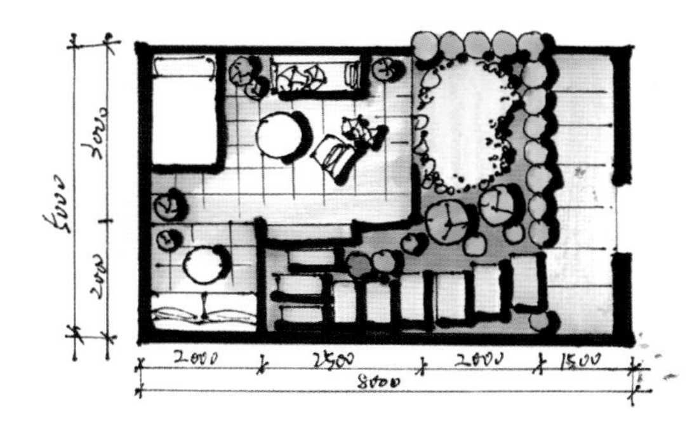

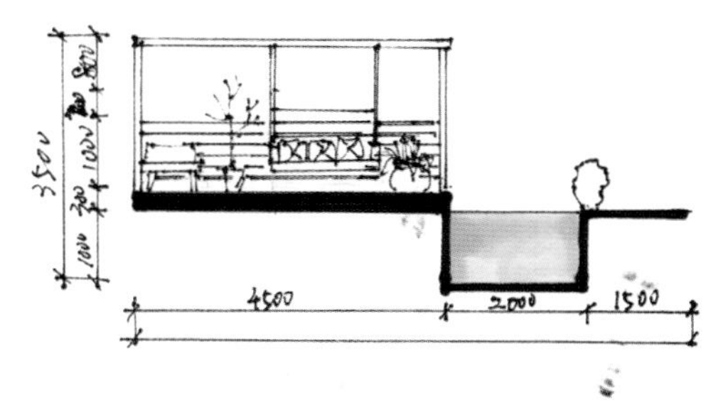

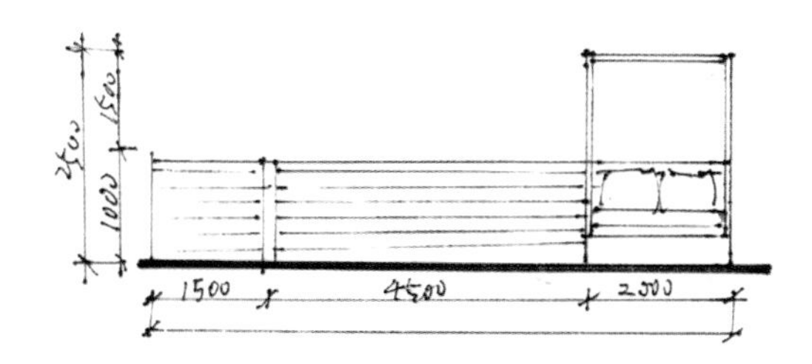

設計說明

Le Petit Jardin。能让人感到幸福的庭院。走过石板路，柳暗花明出现了小庭院，在观景之后使人得到充分的放松和休息。坐在木秋千上，俯瞰便是清水池。躺在小床上小憩，上方的遮阳布遮住了刺眼的阳光。整个融入这小小区域，便是最好的休闲私人空间。

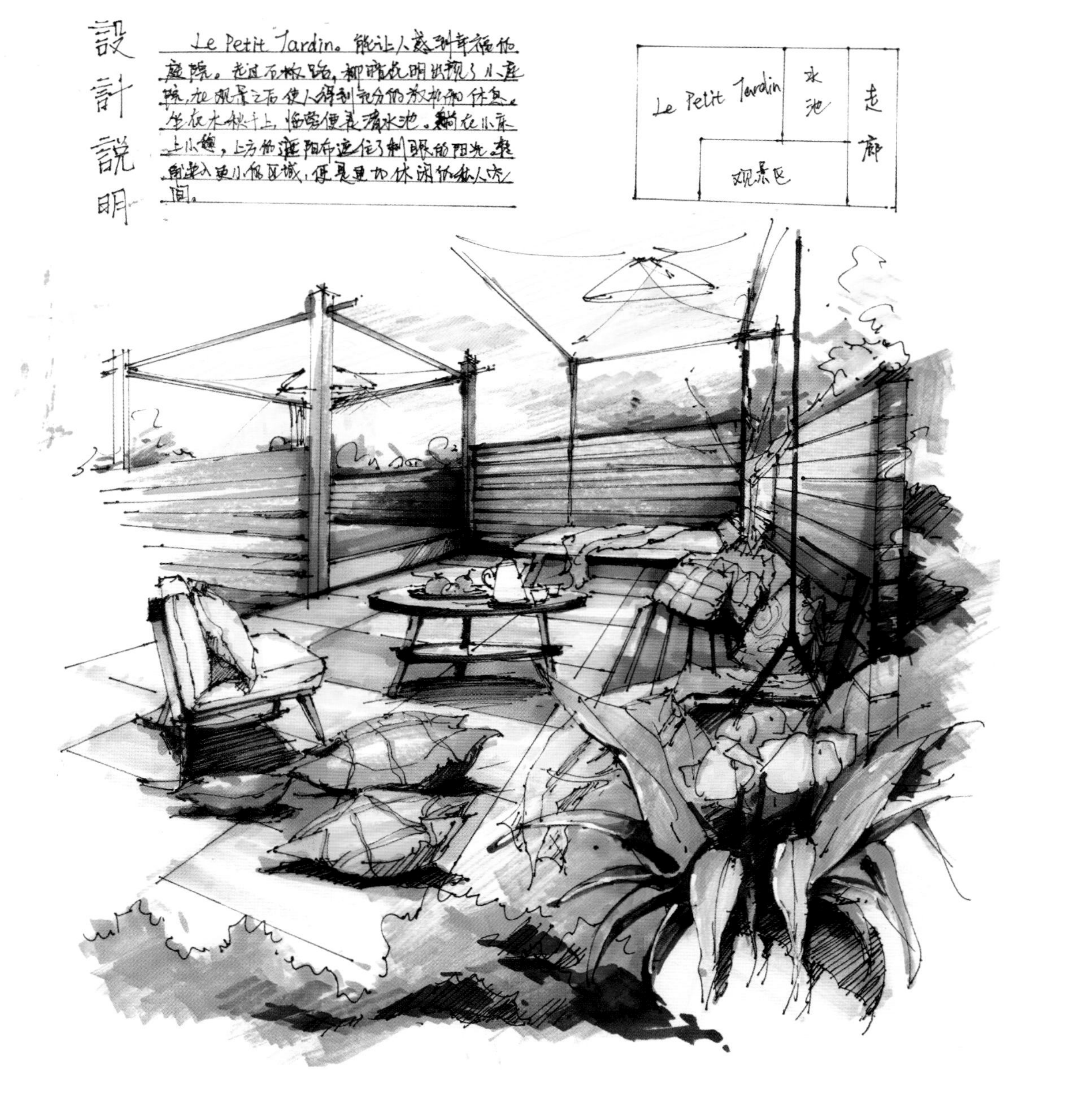

快題設計 服装店

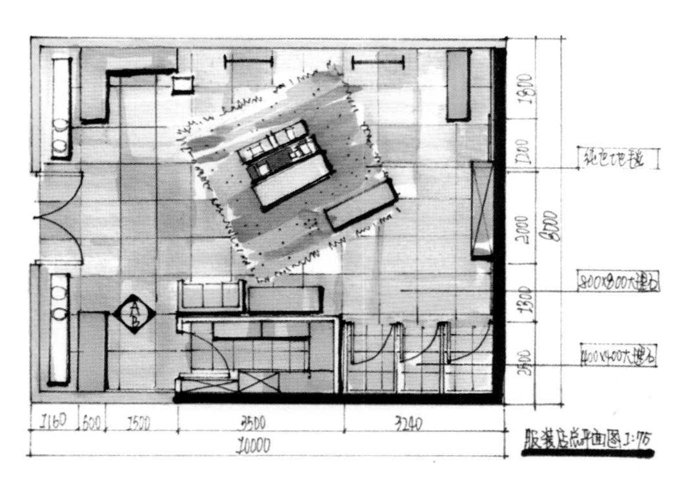

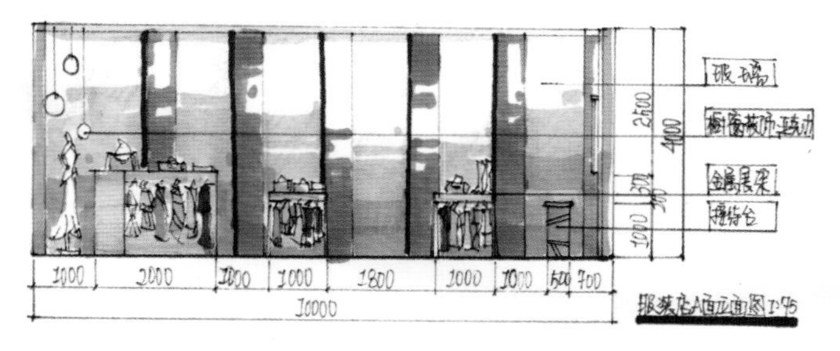

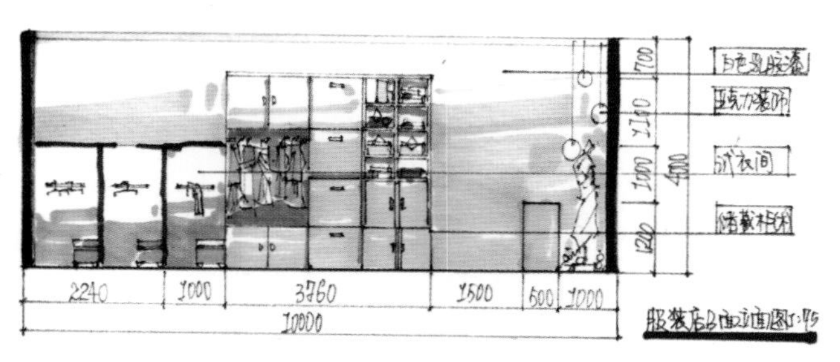

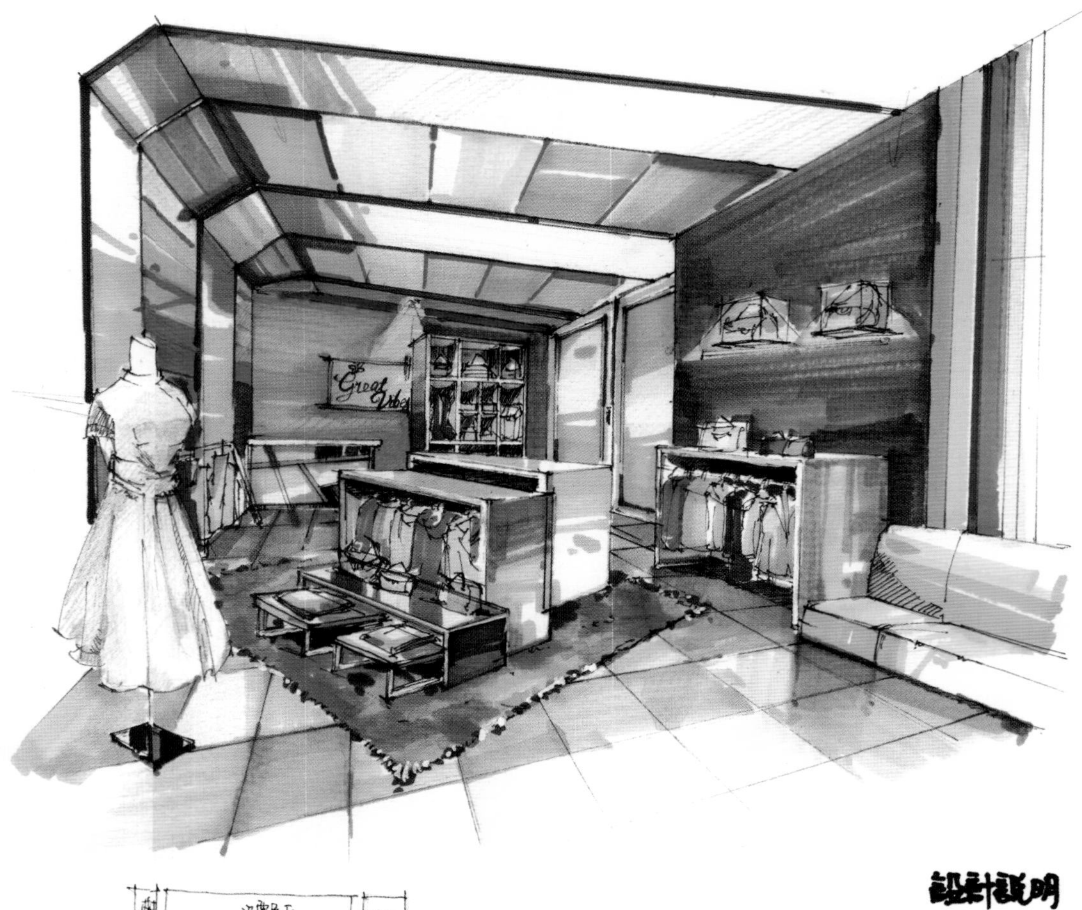

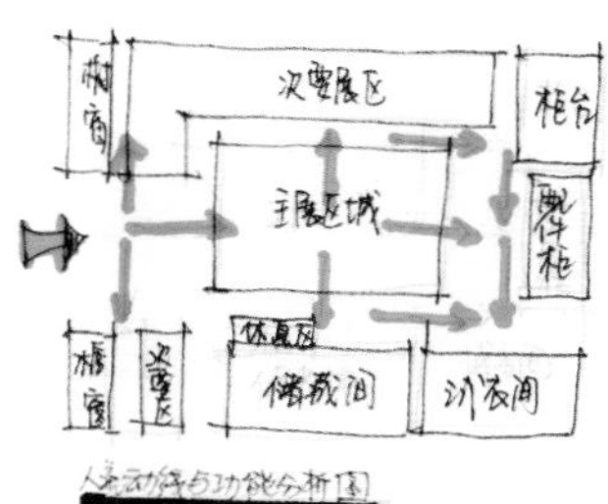

設計說明

本设计为80m²服装店设计，设计风格时尚、简约，满足展览、售卖、休息、观赏等基本功能。吊顶采用木材与玻璃的结合，表示服装时尚的潮流与现代化相接轨。店内适展男女装、配饰品等。

快题設計

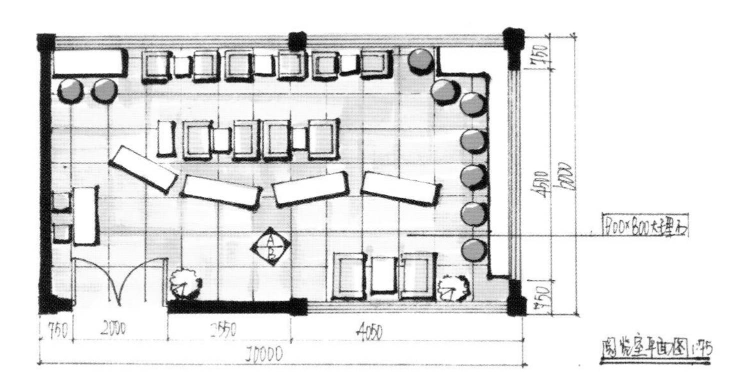

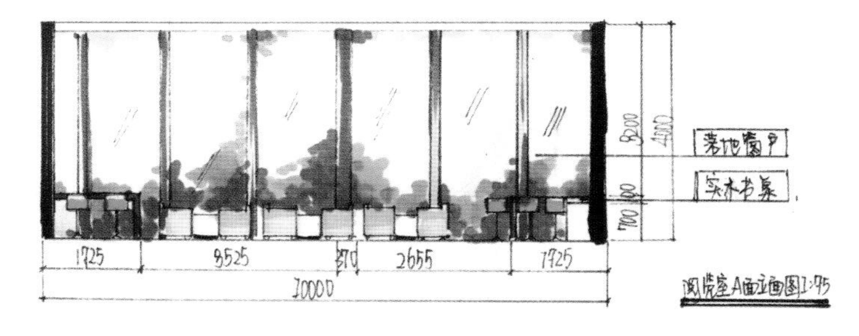

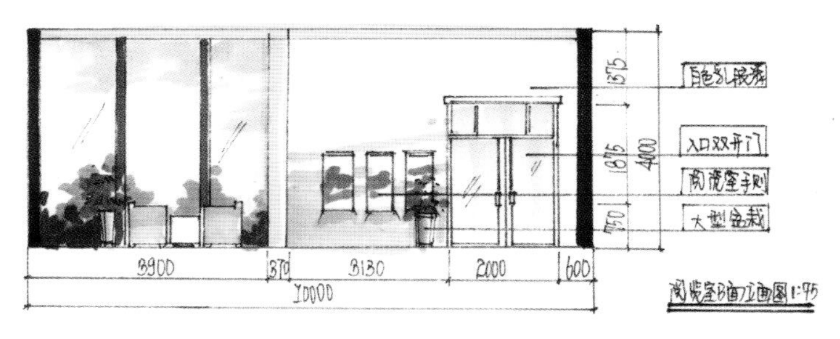

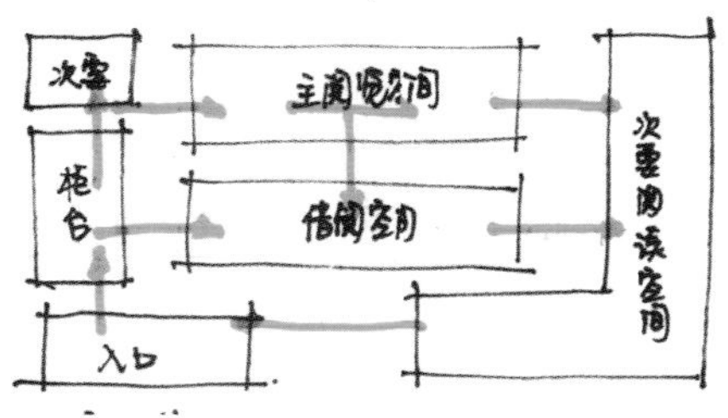

設計說明： 此设计为60m²阅览空间设计，运用大量木材与玻璃，与外界空间形成连通，给予使用者通透明快的节奏感，阅读的同时，可眺望远方，设计创新现代，利用书架的不规则摆放分隔空间，增加空间层次感。

快题設計

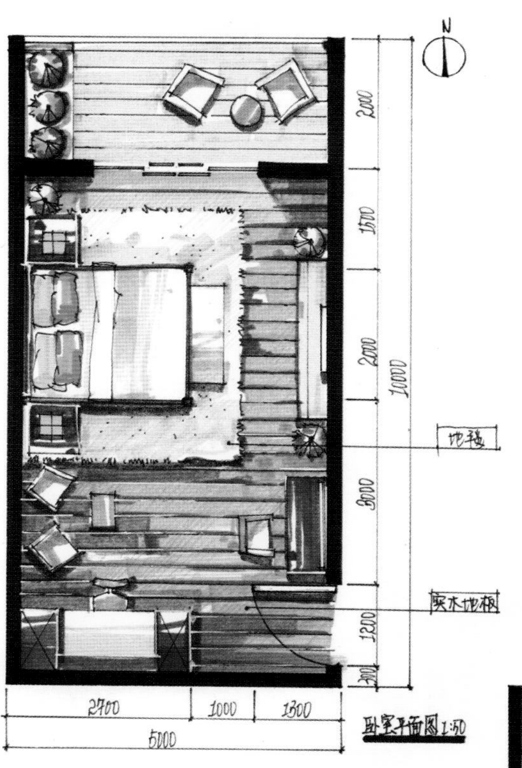

设计说明：

本设计为一个50m²的卧室设计，此设计的理念为"以人为本，回归自然"。通过大量树木绿植，木材相互结合，给人营造一种十分舒适、放松的环境，使使用者在使用过程中十分放松、愉悦，整体色调十分温合，非常整体、合谐。给人一种温暖的归属感。

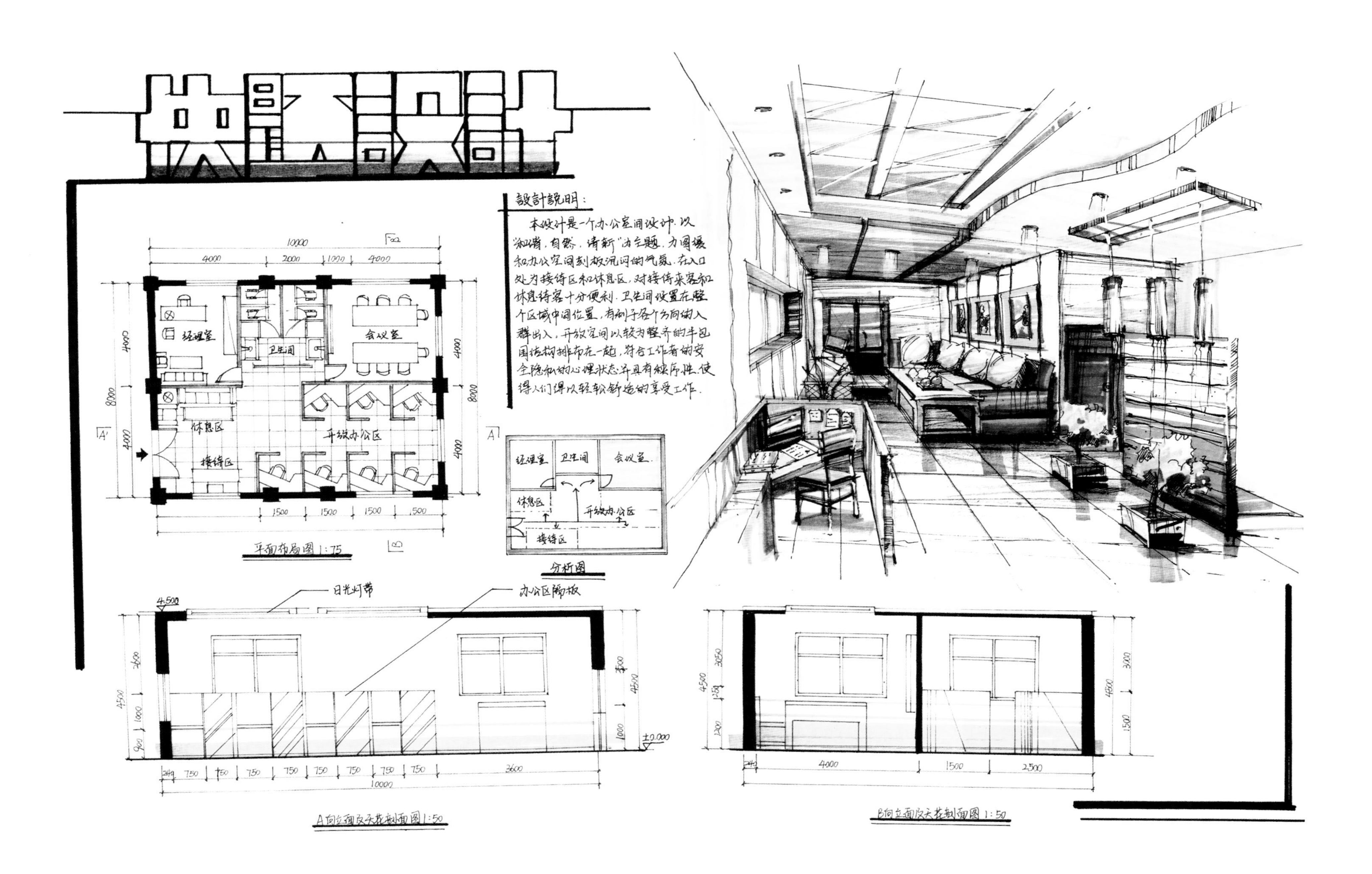

快题设计
設計說明：
本设计是一个办公室间设计，以"和谐，自然，清新"为主题，力图缓和办公空间刻板沉闷的气氛。在入口处为接待区和休息区，对接待来客和休息待客十分便利。卫生间设置在整个区域中间位置，有利于各个方向的人群出入，开放空间以较为整齐的半包围结构排布在一起，符合工作者的安全隐私的心理状态并具有秩序性，使得人们得以轻松舒适的享受工作。
经理室
卫生间
会议室
休息区
接待区
开放办公区
平面布局图 1:75
分析图
日光灯带
办公区隔板
A向立面及天花剖面图 1:50
B向立面及天花剖面图 1:50

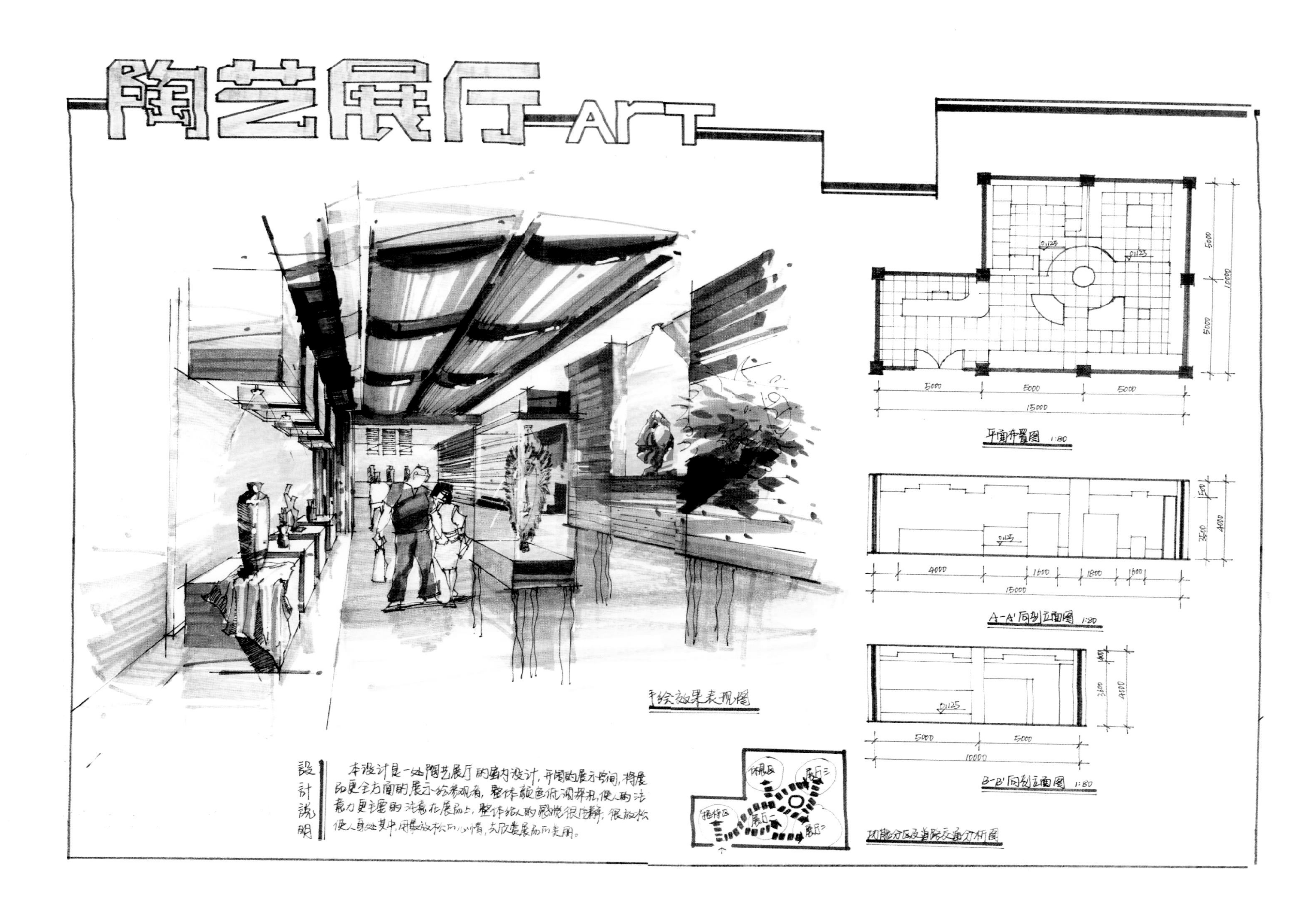
陶艺展厅 ArT
手绘效果表现图
平面布置图 1:80
A-A'向剖立面图 1:80
B-B'向剖立面图 1:80
功能分区及道路交通分析图
设计说明
本设计是一处陶艺展厅的室内设计，开阔的展示空间，将展品更全方面的展示给参观者，整体颜色低调朴现，使人的注意力更集中的注意在展品上，整体给人的感觉很安静，很放松，使人身处其中，用最放松的心情，去欣赏展品的美丽。

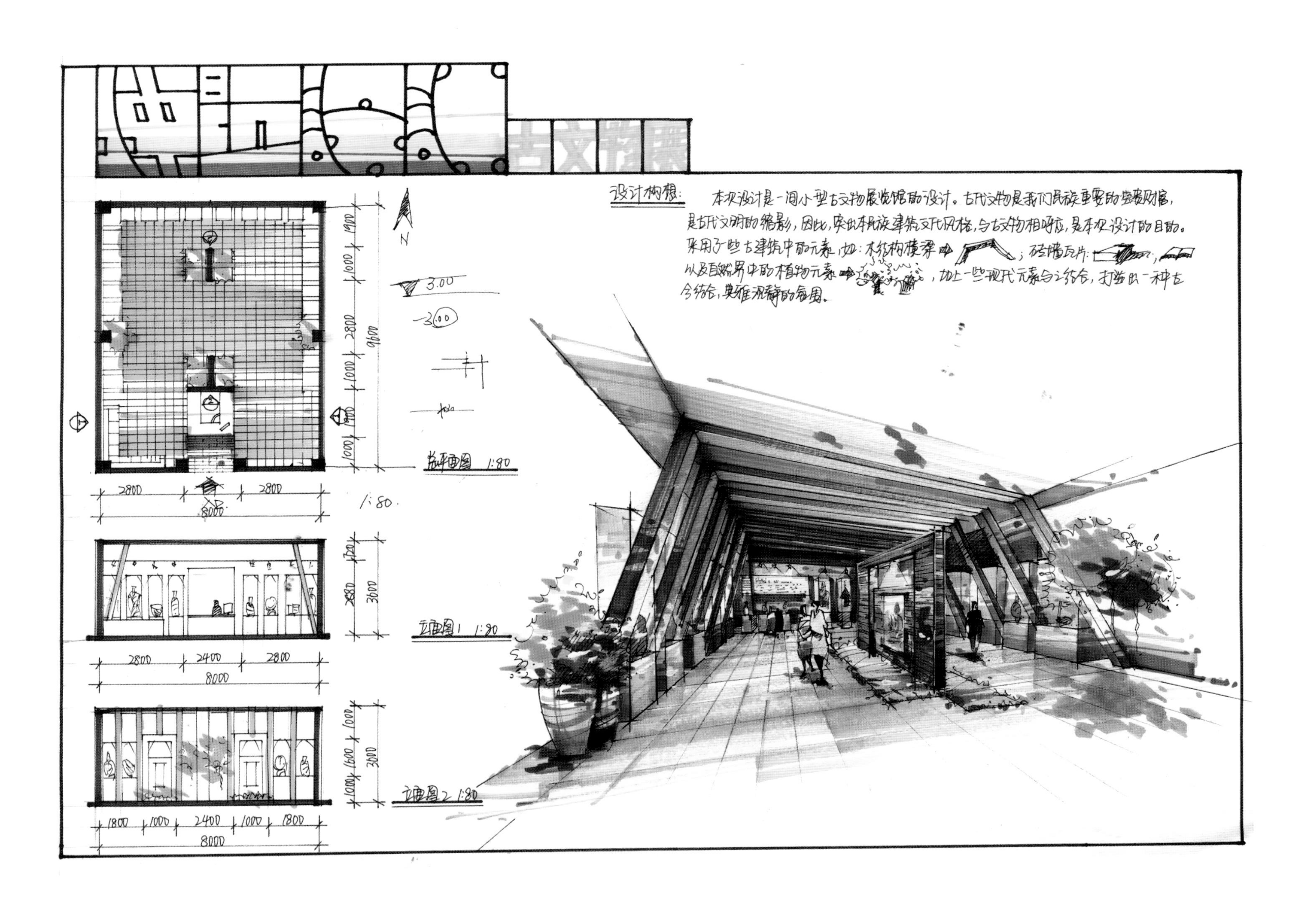
设计构想：本次设计是一间小型古文物展览馆的设计。古代文物是我们民族重要的宝贵财富，是古代文明的缩影，因此，突出本民族建筑文化风格，与古文物相呼应，是本次设计的目的。采用了一些古建筑中的元素，如：木结构横梁；砖墙瓦片；以及自然界中的植物元素，加上一些现代元素与之结合，打造出一种古今结合，典雅沉静的氛围。
平面图 1:80
立面图1 1:80
立面图2 1:80
2800
2400
8000
9600
3600
1800
1000
N

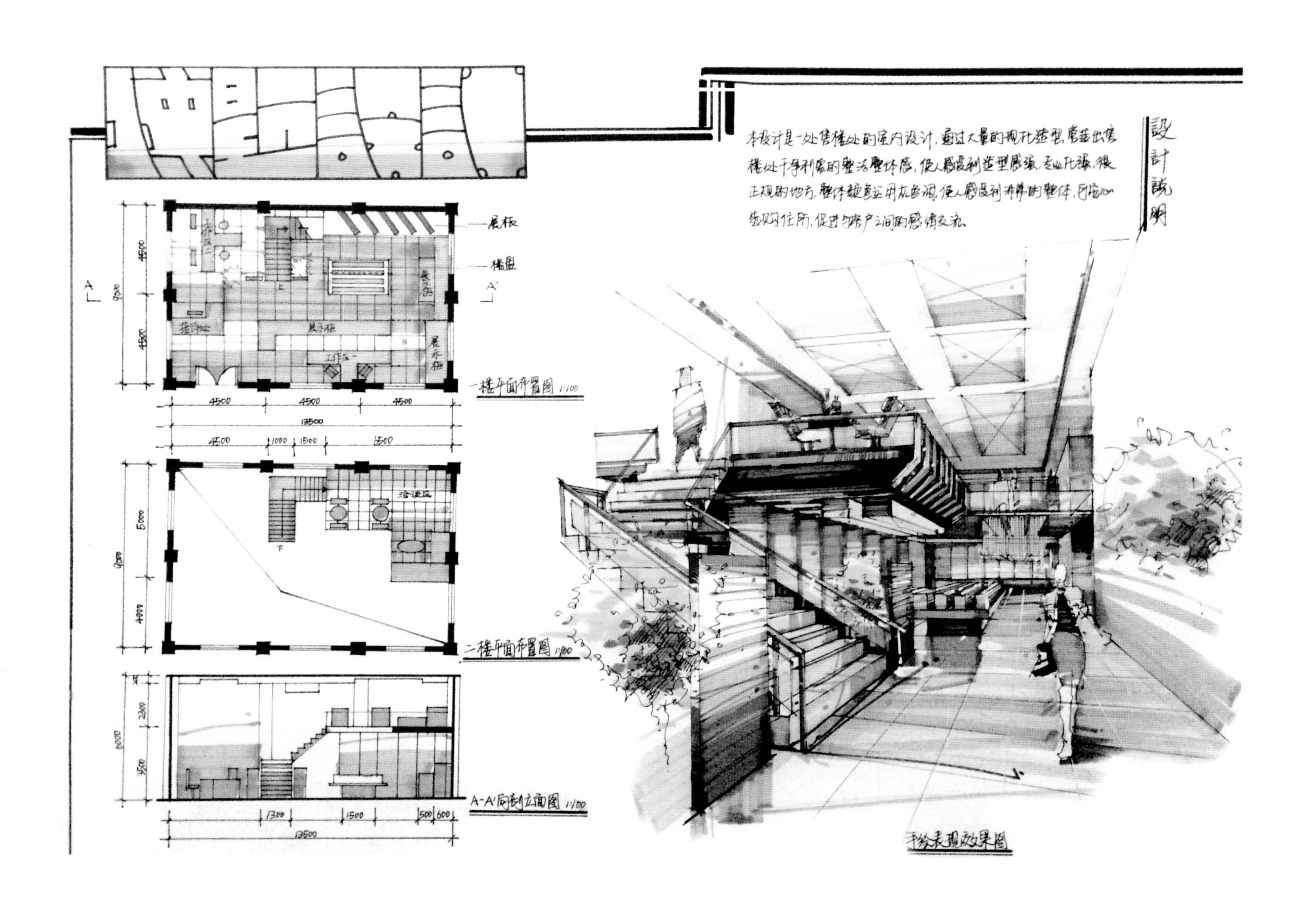
設計說明
本设计是一处售楼处的室内设计，通过大量的现代造型，营造出售楼处干净利索的整洁整体感，使人感受到造型感强、专业夸张、很正规的地方，整体颜色运用灰色调，使人感受到非常的整体，同宽心舒购住所，促进与客户之间的感情交流。
展板
楼梯
展柜
接待处
展示柜
工作区
洽谈区
一楼平面布置图 1:100
二楼平面布置图 1:100
A-A'剖立面图 1:100
手绘表现效果图
4500
4500
4500
13500
4500
1000
1500
1500
9000
5000
4000
1300
1500
500
600
13500

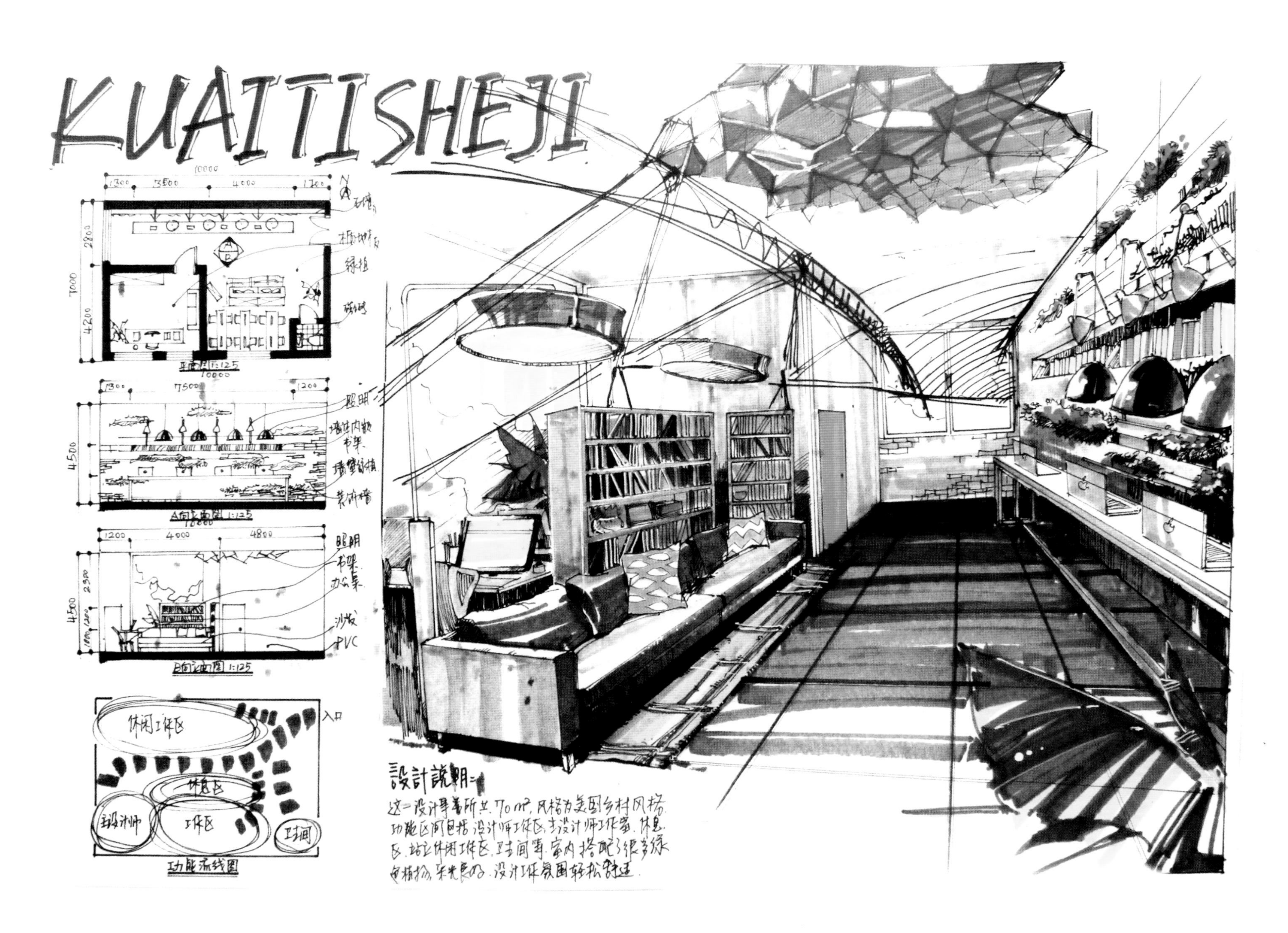
KUAITISHEJI
平面图 1:125
A向立面图 1:125
B向立面图 1:125
照明
书架
办公桌
沙发
PVC
绿植
功能流线图
休闲工作区
休息区
设计师
工作区
卫生间
入口
設計說明：
这一设计事务所共70m²，风格为美国乡村风格，功能区间包括设计师工作区、主设计师工作室、休息区、站立休闲工作区、卫生间等。室内搭配了很多绿色植物，采光良好，设计环境氛围轻松舒适

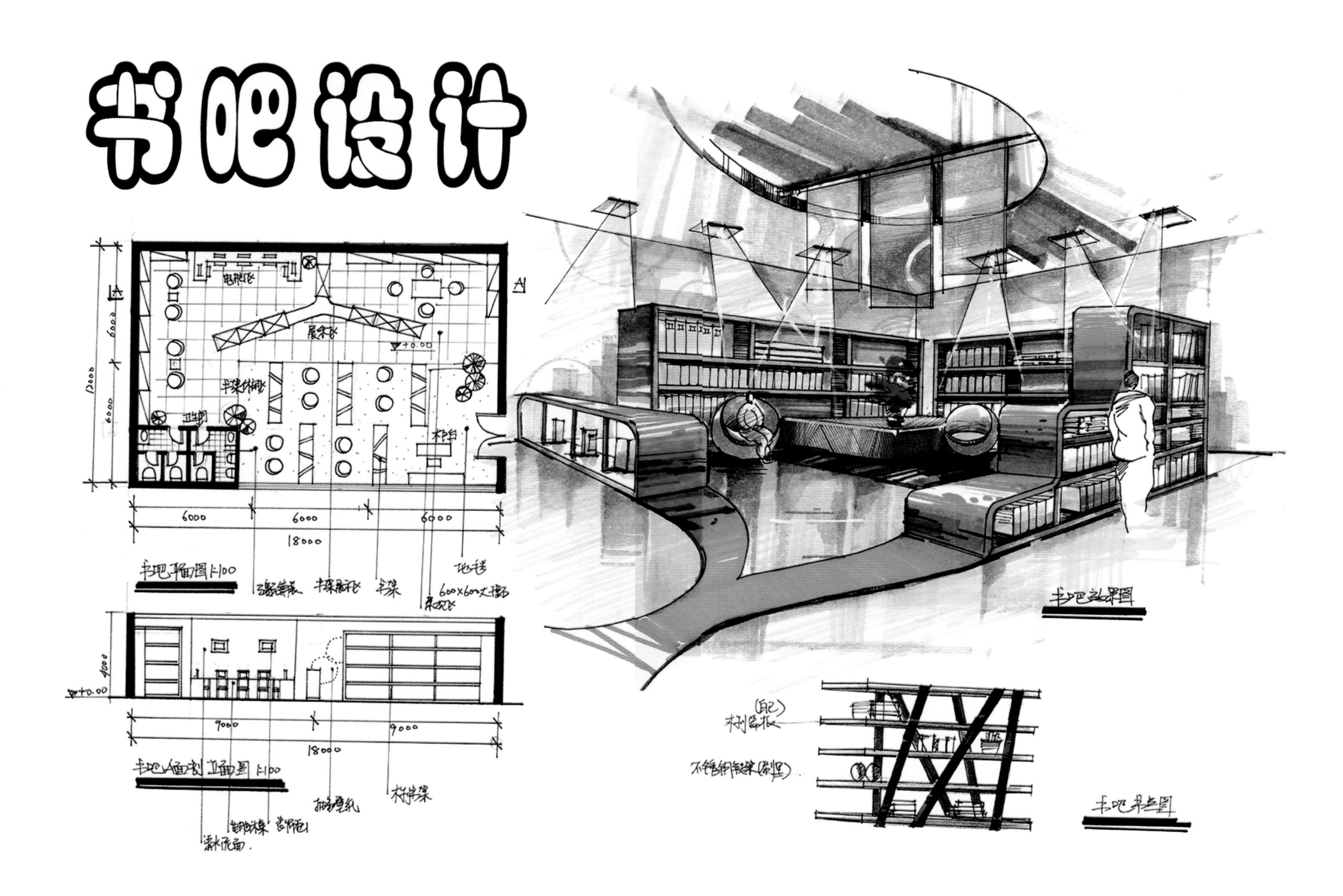
书吧设计
6000
6000
6000
6000
6000
18000
9000
9000
18000
±0.00

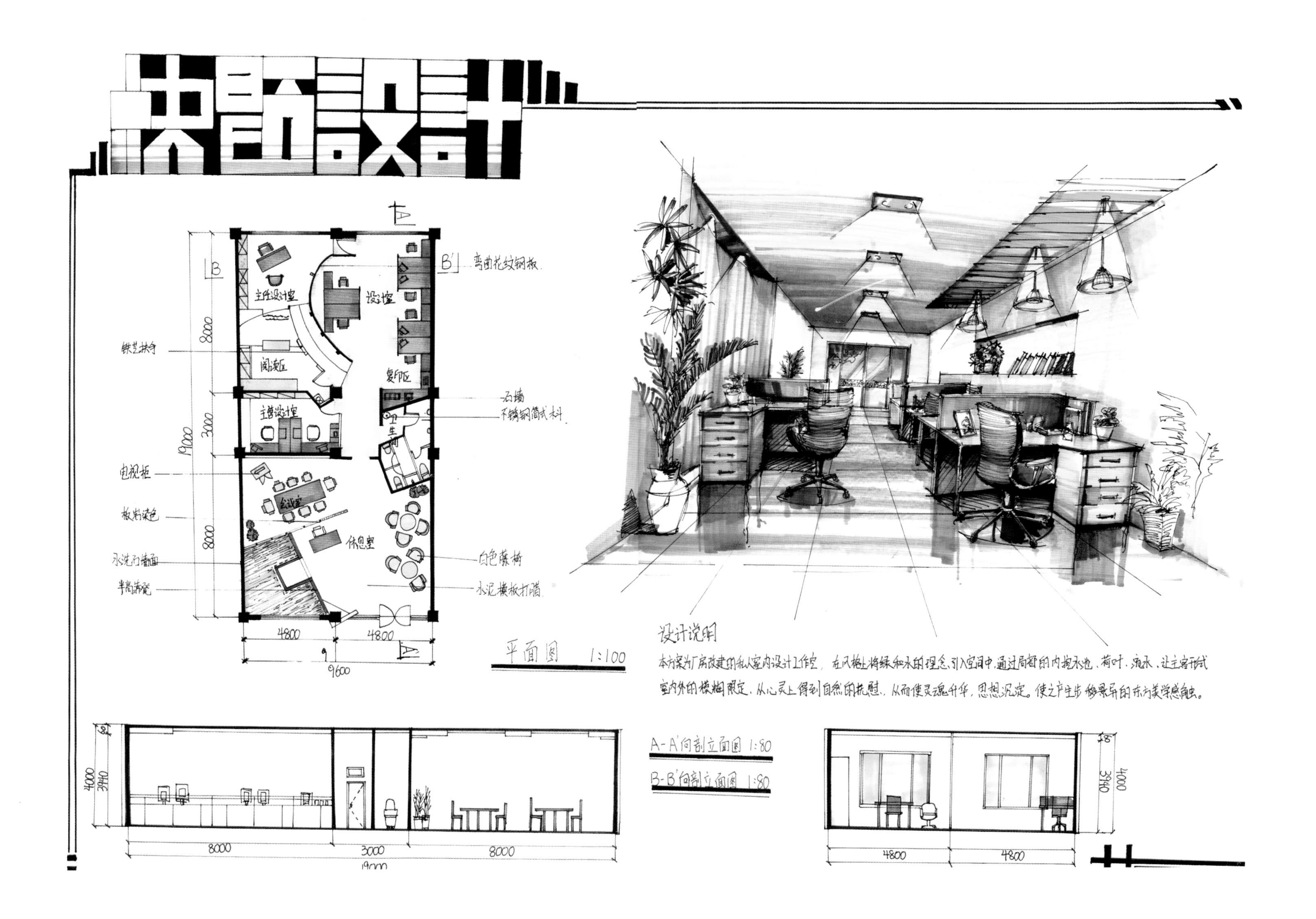

快题设计
弯曲花纹钢板
主任设计室
设计室
铁艺扶手
阅读区
复印区
石墙
不锈钢筒式水斗
主管设计室
卫生间
电视柜
会议室
板岩涂色
休息室
白色藤椅
水洗石墙面
水泥横板打磨
19000
8000
3000
8000
4800
4800
9600
平面图 1:100
设计说明
本方案为厂房改建的私人室内设计工作室，在风格上将绿和水的理念引入空间中，通过局部的内挖水池、荷叶、流水，让主客形式室内外的模糊限定，从心灵上得到自然的抚慰，从而使灵魂升华，思想沉淀。使之产生步移景异的东方美学感触。
A-A′向剖立面图 1:80
B-B′向剖立面图 1:80
4000
3940
8000
3000
8000
19000
4800
4800

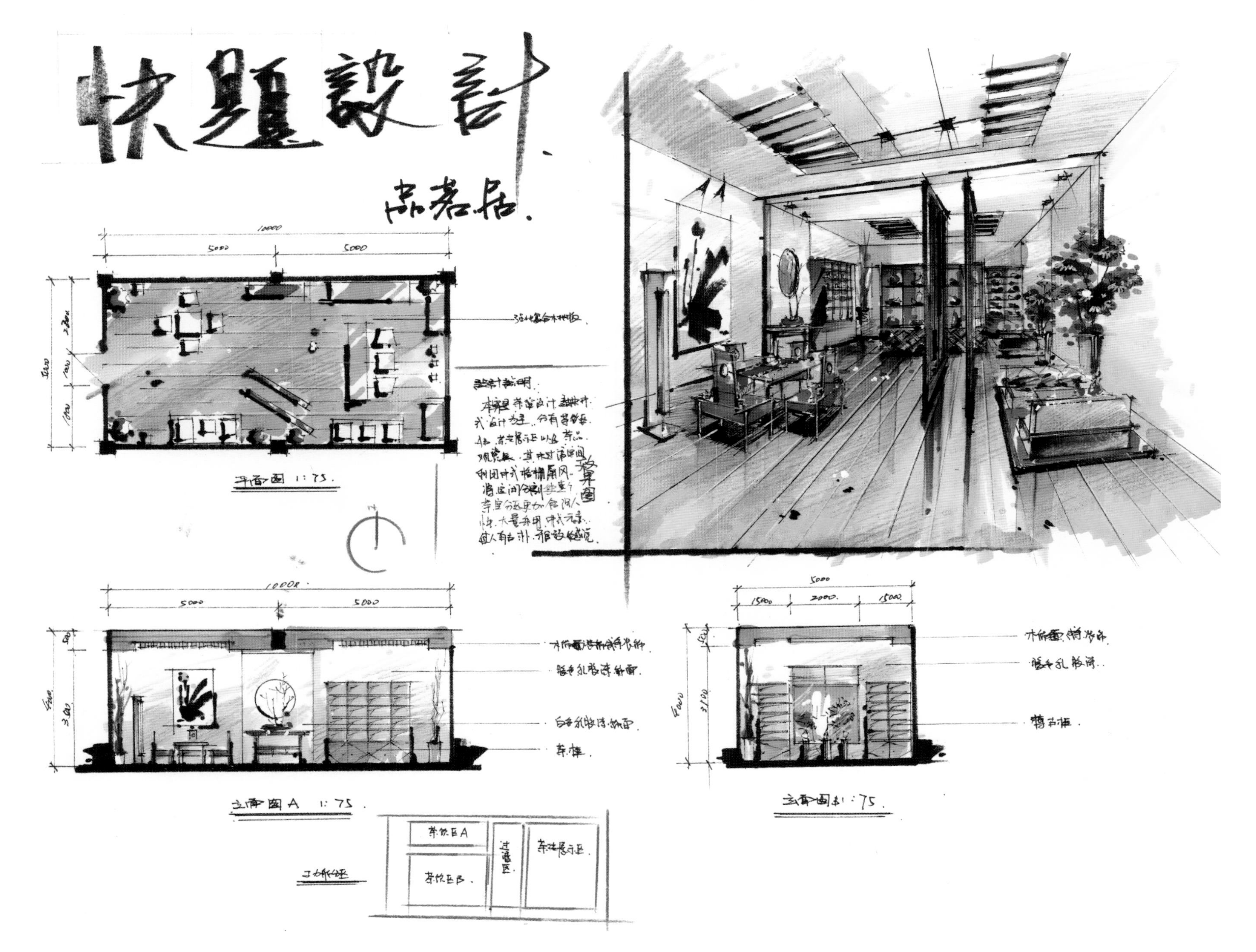
快题設計
茶者居
平面图 1:75
立面图A 1:75
立面图B 1:75
茶饮区A
茶饮区B
茶具展示区
功能分区

仿生展厅快趣設計

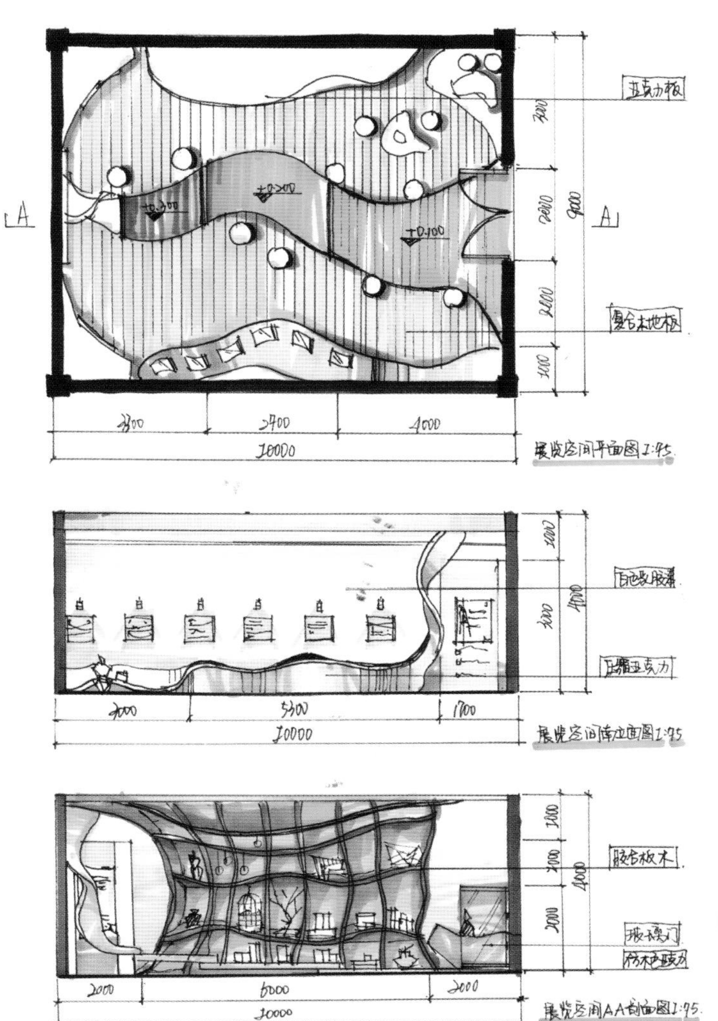

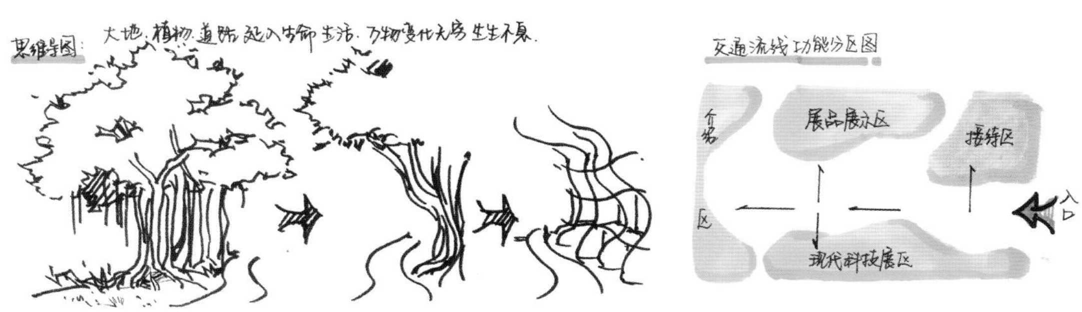

設計說明

本设计为80m²的仿生展厅设计，包括现代化科技展区和复古展区。以展品陈列和展具设计、人流动线综合考虑形成空间划分，没有明显的边界。整个展览空间以生生不息为主题，以树和藤络的具体形态推演出抽象图形，展现变化和新生事物的发生，没有终止，不断生长、繁殖的设计主旨。使人们在整个空间中感受化生万物、生生而变化无穷的现代与古韵融合感。整体以黄棕色为主色调，曲线自然形态为主要空间形态。

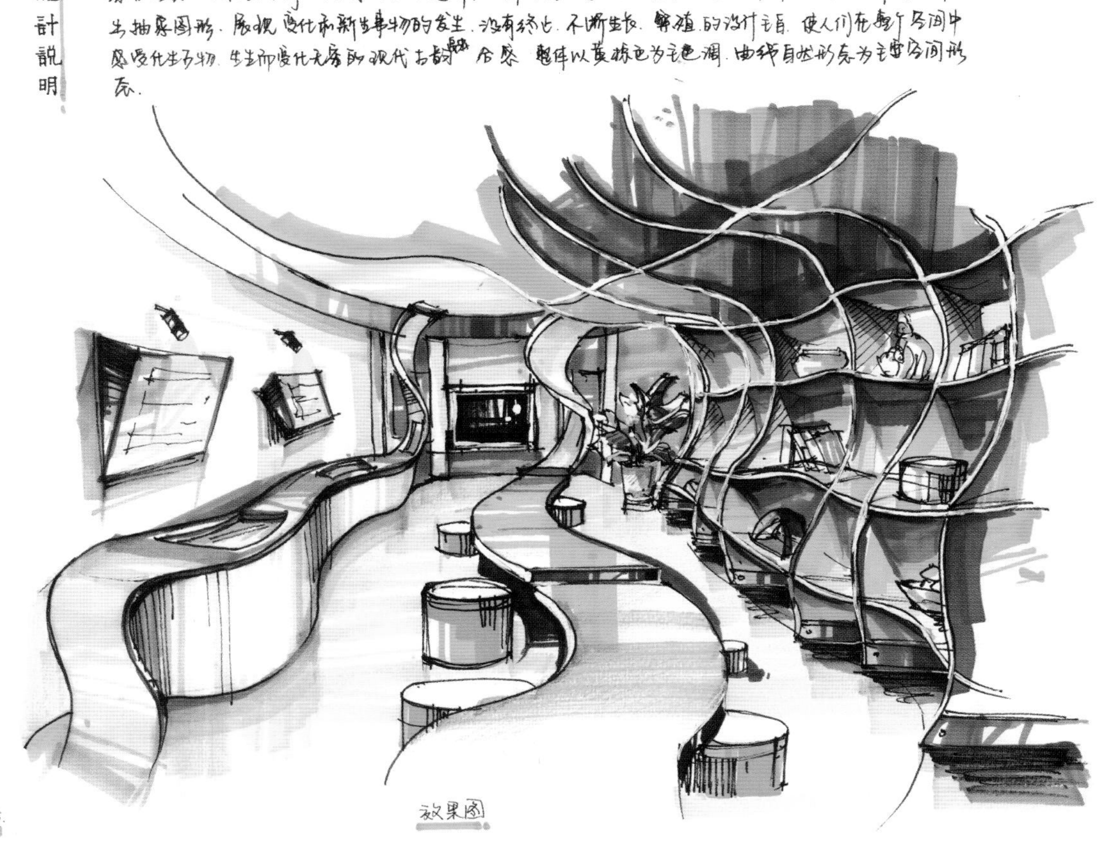

效果图

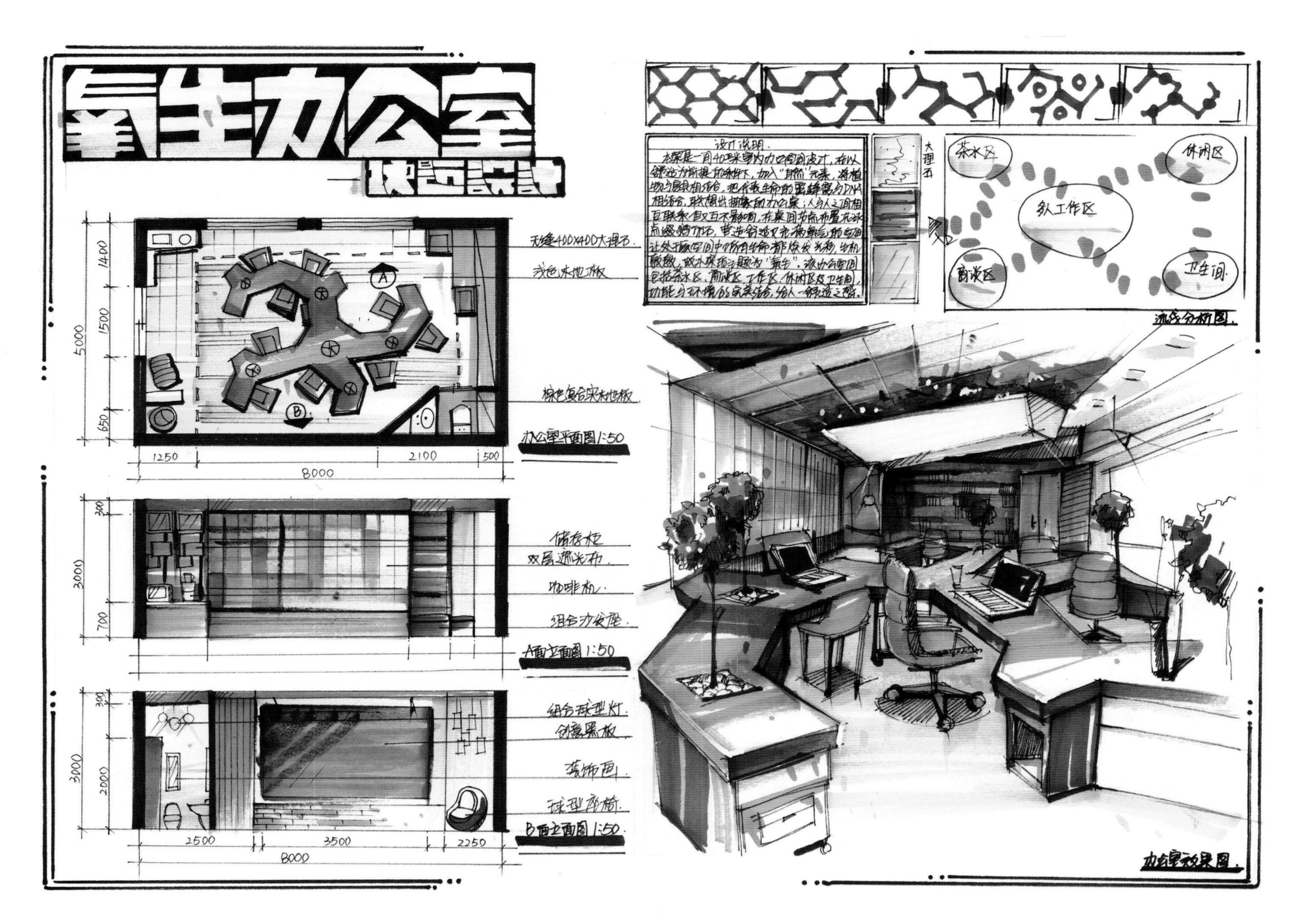

氧生办公室
快题设计
设计说明
大理石
茶水区
休闲区
多人工作区
商谈区
卫生间
流线分析图
浅色木地板
棕色复合实木地板
办公室平面图 1:50
1400
1500
5000
650
1250
2100
500
8000
储存柜
双层遮光布
咖啡机
组合办公座
A面立面图 1:50
300
3000
700
组合球型灯
创意黑板
装饰画
球型座椅
B面立面图 1:50
2000
2500
3500
2250
办公室效果图

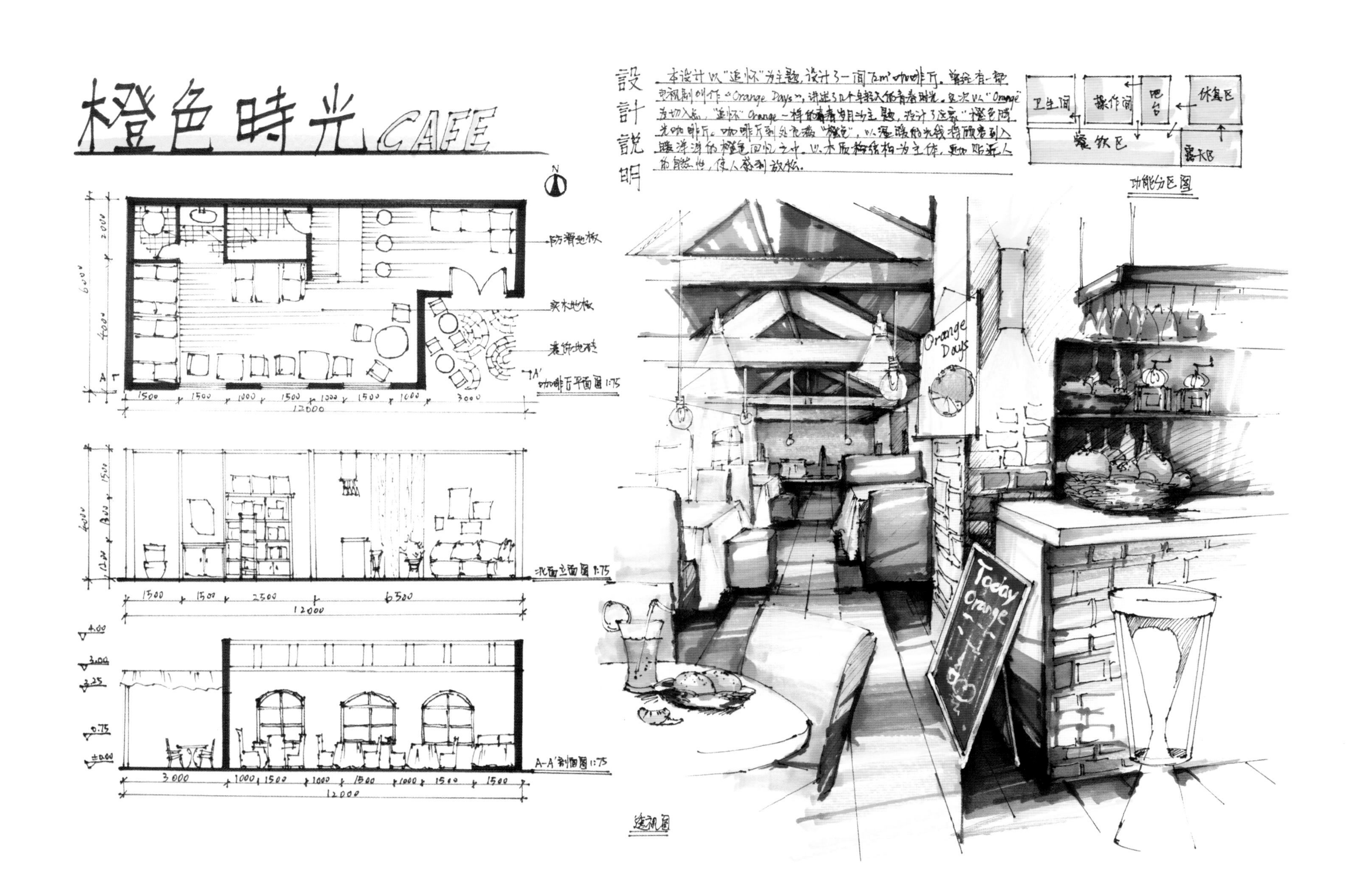

图书在版编目（CIP）数据

环艺快题设计 / 刘程伟，徐乃珊，张盼主编．
北京：中国建筑工业出版社，2015.1（2022.8重印）
（快题表现与案例分析）
ISBN 978-7-112-18957-1

Ⅰ．①环… Ⅱ．①刘… ②徐… ③张… Ⅲ．①环境设计 Ⅳ．①TU-856

中国版本图书馆CIP数据核字(2016)第004918号

责任编辑：费海玲 焦 阳
装帧设计：徐乃珊
责任校对：陈晶晶 刘梦然

编委会(排名不分先后，按姓氏拼音首字母先后排序)
朱婕 赵森森 丁可 刘程荣 王雪垠 周贯宇 金晶 吕俊莹 赵晓燕

环艺快题设计
北京七视野文化创意发展有限公司 策划
丛书主编/刘程伟 张盼
本册主编/刘程伟 徐乃珊 张盼
*
中国建筑工业出版社出版、发行（北京西郊百万庄）
各地新华书店、建筑书店经销
北京建筑工业印刷厂印刷
*
开本：880×1230毫米 横 1/16 印张：11¼ 字数：300千字
2016年1月第一版 2022年8月第五次印刷
定价：68.00元
ISBN 978-7-112-18957-1
(28189)